AF629832

MEDICAL TRAINING FÜR HUNDE

Vertrauen und Sicherheit schaffen

Susanne C. Steiger

Hrsg. DER HUND

DER HUND Wissen

Entspannt bei Tierarzt, Pflege & Co.

Müller Rüschlikon

Einbandgestaltung: R2 I Ravenstein, Verden
Titelbild und Foto auf der Umschlagrückseite: Lena Schwarz

Die Fotos im Innenteil: Lena Schwarz

Alle Angaben in diesem Buch wurden nach bestem Wissen und Gewissen gemacht. Für einen eventuellen Missbrauch der Informationen in diesem Buch können weder die Autorin noch der Verlag oder die Vertreiber des Buches zur Verantwortung gezogen werden. Eine Haftung für Personen-, Sach- und Vermögensschäden ist ausgeschlossen.

ISBN 978-3-275-02327-1

Copyright © by Müller Rüschlikon Verlag
Postfach 103743, 70032 Stuttgart
Ein Unternehmen der Paul Pietsch Verlage GmbH & Co. KG

1. Auflage 2024

Sie finden uns im Internet unter www.mueller-rueschlikon-verlag.de

Nachdruck, auch einzelner Teile, ist verboten. Das Urheberrecht und sämtliche weiteren Rechte sind dem Verlag vorbehalten. Übersetzung, Speicherung, Vervielfältigung und Verbreitung einschließlich Übernahme auf elektronische Datenträger wie DVD, CD-ROM usw. sowie Einspeicherung in elektronische Medien wie Internet usw. ist ohne vorherige Genehmigung des Verlages unzulässig und strafbar.

Gesamtleitung: Claudia König
Lektorat: Redaktion DER HUND
Innengestaltung: r2 | Ravenstein, Verden
Druck und Bindung: Graspo CZ, 76302 Zlin
Printed in Czech Republic

INHALT

VORWORT

Wie schön, dass Sie sich auf das Abenteuer Medical Training einlassen. Mit dem Vorsatz, viele kleine Übungen und Aktivitäten ganz natürlich in ihren Alltag einfließen zu lassen, eröffnen Sie sich und Ihrem Hund eine neue, positive – wie nennt man das doch so schön – »Quality Time«. Fast nebenbei können Sie so Ihrem Hund vermitteln, dass »angefasst werden« nicht unnatürlich ist (auch wenn es das aus hündischer Sicht eigentlich schon ist) und erst recht nicht »schrecklich« sein muss.

Was es dafür braucht und wie Sie Ihr Ziel der stressfreien Tierarzt- und Therapeutenbesuche, entspannten Krallen-, Zahn- und Fellpflege sowie Begegnungen mit viel Körperkontakt für Ihren Hund oder Ihre Hunde erreichen können, soll Ihnen dieses Buch nahebringen. Auf den Fotos zeige ich Ihnen entsprechende Übungen gemeinsam mit meiner Galgo-Hündin Lora und meiner Podengo-português-Hündin Paula. Ebenfalls sehen werden Sie z. B. Cocker Spaniel Barney, Beagle Carla und Schäferhund-Mix Loki.

Einblicke geben uns auch drei Fachleute unterschiedlicher Bereiche: Die Sicht auf Medical Training von Tierarztseite gibt uns Dr. med. vet., M.Sc. Pasquale Piturru, Fachtierarzt für Verhaltenskunde, Fachtierarzt für Kleintiere, Fachtierarzt für Tierschutzkunde, Zusatzbezeichnung Verhaltenstherapie in Kapitel 3 mit auf unseren Übungsweg. Was für Nadine Dapra, Tierphysiotherapeutin und -osteopathin mit mobiler Praxis im Raum Augsburg, wichtig ist, schildert Sie mit einem Beitrag in Kapitel 5. Und dass wir viel mehr im Alltag einbauen können und sollten, verdeutlicht Nadia Winter, erfahrene Hundeverhaltensberaterin und Trainerausbilderin, Mind-dog®-Trainerin sowie -Ausbilderin, mit ihrem Appell in Kapitel 6.

Für die eine oder den anderen mögen die Tipps banal klingen und schon zur Routine gehören – doch sich gelegentlich daran zu erinnern, und die eine oder andere Übung neu auszuprobieren, ist in jedem Fall eine gute Idee. Starten wir gemeinsam, uns um Psyche, Beziehung und Praxis zu kümmern!

Susanne C. Steiger

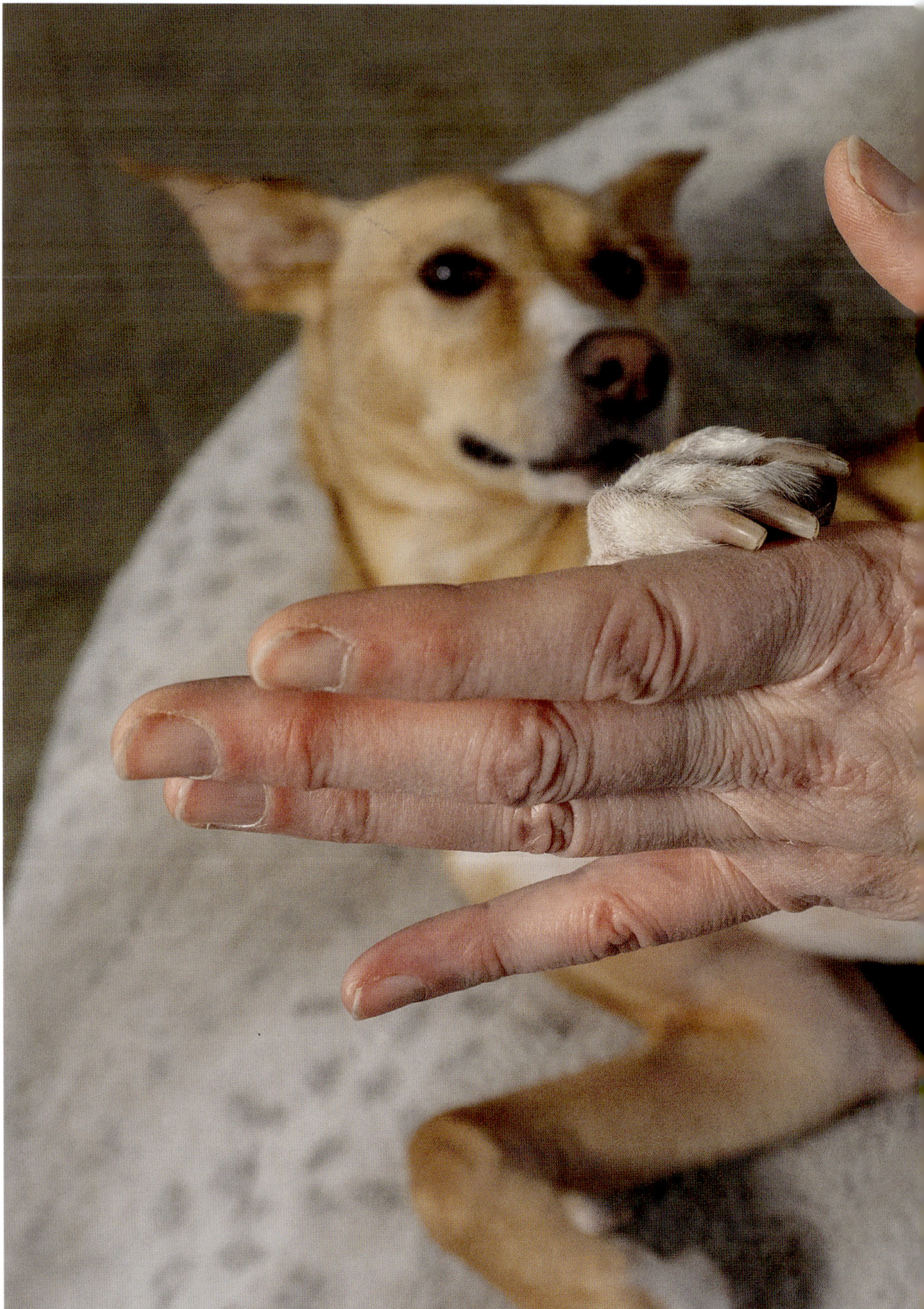

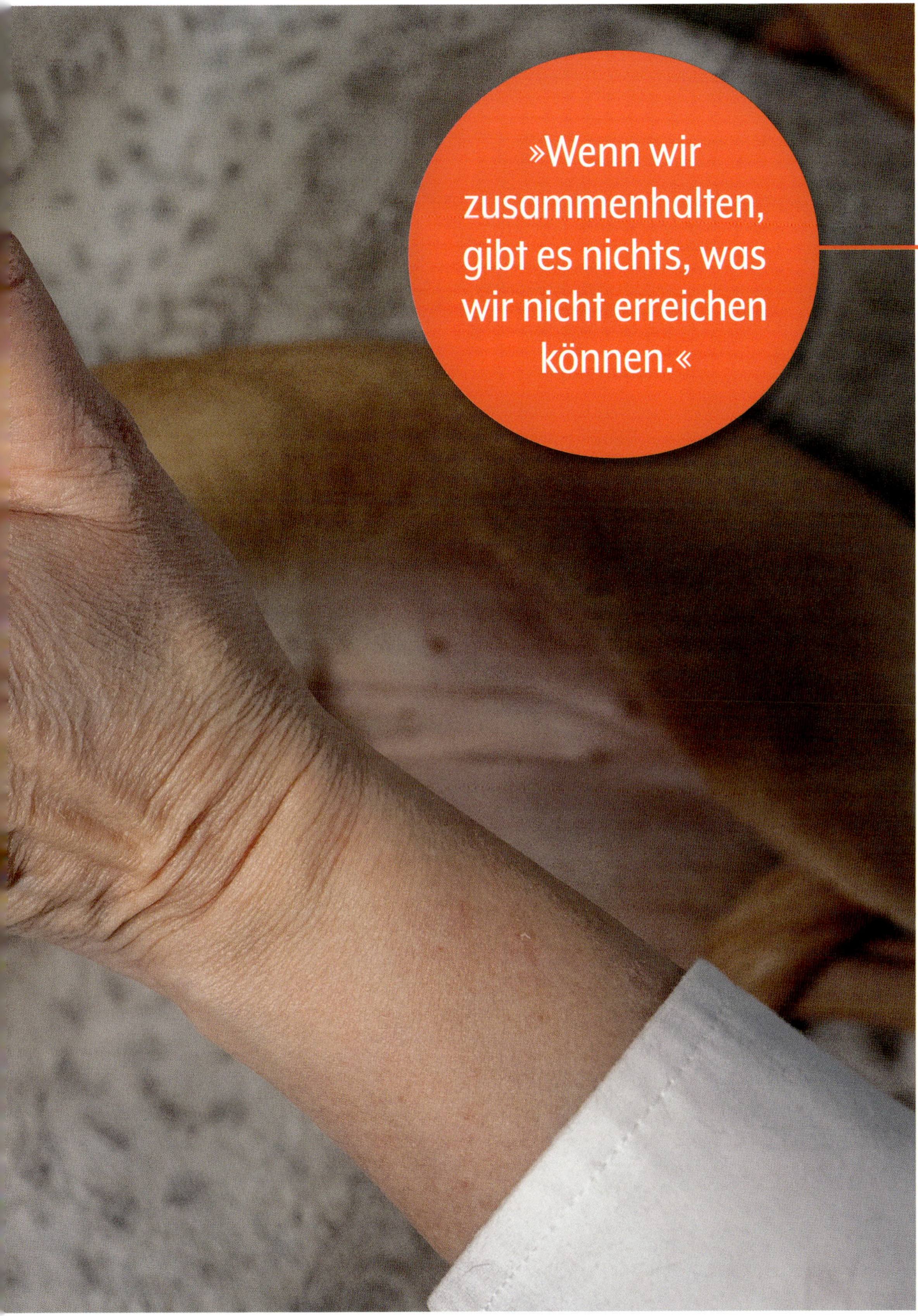

»Wenn wir zusammenhalten, gibt es nichts, was wir nicht erreichen können.«

Kapitel

1

DAS IST MEDICAL TRAINING

Sie müssen jetzt stark sein: Medical Training ist weder ein Zauberwort noch Zauberei. Das haben Sie sich sicher schon gedacht. Und eine gewisse Vorstellung davon – oder sogar schon eigene Erfahrung damit – haben Sie bestimmt auch. Egal, wie gut Sie sich bereits auskennen, es lohnt sich immer, die Grundlagen und den Sinn und Zweck von Medical Training genauer anzuschauen. Wer den Hintergrund und die Ziele verstehen und – fast noch wichtiger – für sich selbst definieren kann, wird sein persönliches, auf jeden Hund individuell angepasstes Alltagstraining zusammenstellen und erfolgreich zur Normalität machen können. Los geht's also!

Medical Training ist eigentlich Alltagstraining: Etwas, das wir täglich einsetzen und nutzen können. Und das wir nicht nur für Tierarzt & Co. brauchen. Schlicht gesagt, wollen wir durch **gezieltes Üben** die Angst und den Stress bei unserem Hund (und oft auch uns Haltern) reduzieren, wenn wir in irgendeiner Form das Tier berühren, oder wie es im Fachjargon so schön heißt: manipulieren. Was der Wortherkunft nach eigentlich auch nichts anderes heißt, als mit den Händen (mani) etwas zu machen – allerdings eben von uns aus beeinflusst, und nicht, weil das Tier selbst den Wunsch geäußert hat ...

Streng genommen sind schon Streicheleinheiten etwas, das unsere Hunde aus der innerartlichen Kommunikation nicht kennen, und demnach eigentlich nicht einfordern würden. Allerdings haben sie das Streicheln durch ihr Zusammenleben mit uns kennen und akzeptieren gelernt. Mancher Vierbeiner mag es mehr, andere müssen erst ihre Zurückhaltung aufgeben, positive Erfahrungen sammeln, bis sie es auch als etwas Schönes, Positives annehmen können. Gerade bei Hunden, die vielleicht erst nach Jahren auf der Straße, aus wenig menschlich-sozialisierten Hundegesellschaften oder auch »secondhand« zu uns kommen, kann das bereits die erste Hürde sein, die es zu nehmen gilt. Welpen und Junghunde vom Züchter haben hier eindeutig einen Vorsprung, denn sie haben es schon von klein auf gelernt.

Diese **frühe Gewöhnung an menschlichen Kontakt,** an Berührungen und Interaktionen, erleichtern uns den Einstieg in »echte« Übungen. Das heißt nicht, dass wir Medical Training ausschließlich mit Welpen machen können – es bedeutet nur, dass es mit ihnen vielleicht etwas schneller geht und einfacher ist, je nach den Erfahrungen bei älteren Hunden. Oder um es mit den Worten von Nadia Winter auszudrücken: »Jeder kann mit seinen Hunden Medical Training machen, egal ob jung und Welpe oder alt und Tierschutzhund aus zweiter Hand.« Was wir beim Medical Training erreichen wollen, ist letztlich das Zulassen von Berührungen und Behandlungen und die **freiwillige Mitarbeit des Hundes**. In diesem Buch haben wir verschiedene Situationen zusammengetragen, für die wir Alltagsübungen und Routinen einführen können und diese dann bei Bedarf parat haben. Im besten Fall immer und überall, ohne dass der Hund Stress hat und so, dass er gerne mitarbeitet. Was zunächst einfach und gut klingt, ist es jedoch nicht immer.

Viele Faktoren spielen mit hinein: Meist viel mehr als wir vermuten, ist es **die menschliche Psyche**. Wir selbst beeinflussen das Verhalten und die »Mitmachbereitschaft« unserer Tiere ganz maßgeblich. Das fängt schon bei unserer Einstellung zu Tierarztbesuchen oder Hygienemaßnahmen an. Haben wir schlechte Erfahrungen gemacht oder finden Arztbesuche doof und unnötig, gehen wir natürlich anders an solche Termine mit unseren Hunden heran. Vielleicht sind wir im Vorfeld unsicher, ob alles gut gehen wird – oder, etwas ungünstiger, schieben den Besuch so weit wie möglich hinaus ... Das sind eher schlechte Bedingungen, um unsere Hunde stressfrei den (ersten) Kontakt mit dem von uns ausgesuchten Tierarzt, der Tierärztin oder Tierklinik erleben zu lassen.

Auch, wenn wir beispielsweise fürchten, beim Fellbürsten könnte es unseren Hund zwacken und er uns dies übelnehmen (ja, das könnte schon passieren, da sollten wir ehrlich sein), wirkt sich das neben unserer **zögerlichen Herangehensweise** auf die Situation aus. Und wenn wir

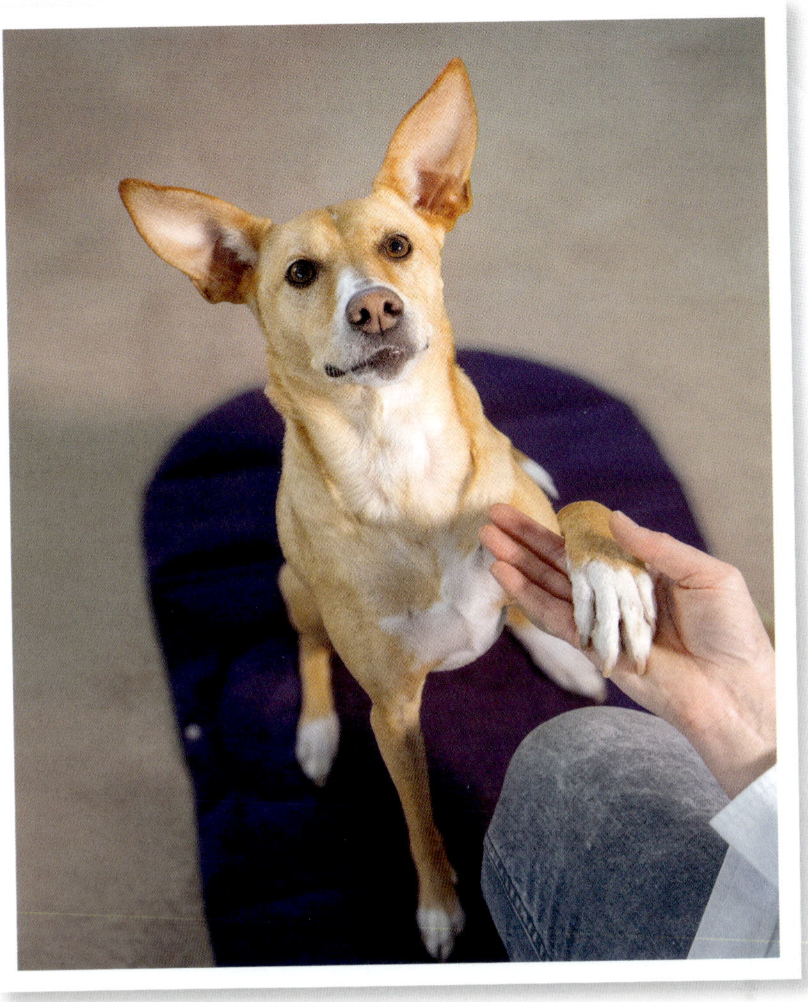

Wenn Mensch und Hund sich verstehen, lässt sich vieles in Kooperation erreichen, »Pfote drauf!«

dann ans Zähneputzen denken, bekommen wir schon einen Schweißausbruch? Spätestens in so einem Moment wird klar, dass doch mehr als nur ein: »Ich muss das jetzt machen, lass mich das tun« für Mensch und Hund angesagt ist.

Und wenn Sie sich gerade fragen, was das mit Medical Training zu tun hat: Unsere Haltung, unsere Empfindungen und Sorgen sind keine Privatsache. Wir tragen sie vor uns her, sie bleiben nicht in unserem Inneren verborgen, sodass keiner sie mitbekommt. Seien Sie sicher, unsere vierbeinigen Partner bekommen sie mit, spüren sie und werden davon mit beeinflusst. Hier haben wir es ganz klar mit der **Stimmungsübertragung** zu tun. Unsere Hunde spiegeln unsere

Skeptischer Hund aus dem Tierschutz oder aus zweiter Hand und neugieriger, weltoffener Welpe: Je nachdem, was Ihr Hund mitbringt, gilt es, ihn beim individuell angepassten Medical Training immer auch zu lesen und die Signale richtig deuten zu können.

Stimmung wieder, sie reagieren darauf. Sind wir unsicher, werden auch die meisten Vierbeiner nicht einfach so souverän (re)agieren, wie sie es vielleicht sonst täten. Das gilt übrigens nicht nur für den Besuch beim Tierarzt, sondern natürlich auch andere Situationen, die wir – ja, genau, jetzt kommt es – einfach zu wenig geübt haben, als dass auch wir sie als etwas ganz Normales, Belangloses und Unkompliziertes ansehen könnten. Das bedeutet also auch, dass wir uns und unsere eigene Einstellung entsprechend »trainieren« müssen, unabhängig von allen Übungen, die wir mit dem Hund absolvieren. Sind wir bereit, können wir alles, was wir bei unseren Hunden tun wollen, als normal ansehen und ohne Aufregung tun? Gut. Dann geht es weiter mit der Vorbereitung. An dieser Stelle trennt uns noch ein Stück Arbeit von der Untersuchung in der Praxis oder der Tierphysio-Behandlung: Wir befinden uns immer noch im geschützten, privaten Bereich: da, wo unser Hund und wir uns wohlfühlen sollten.

Kommen wir vorab zum nächsten Punkt, bei dem wir Klarheit haben sollten: Je nachdem, wie lange wir schon mit unserem Hund zusammenleben, haben wir seine Persönlichkeit, seine Eigenheiten und seine körpersprachlichen Ausdrucksweisen bereits kennengelernt. Damit wir sowohl beim Medical Training als auch beim Krallenschneiden beispielsweise nicht erst durchs Wegziehen der Pfote merken, wenn unserem Hund etwas unangenehm ist und er sich nicht mehr manipulieren lassen möchte, sollten wir seine Signale kennen, die darauf vorher hinweisen. Das bedeutet wiederum, dass wir unseren Hund beobachten müssen, wie er sich in verschiedenen Situationen verhält, und was wir an seiner **Körpersprache erkennen** können. Selbst wenn Ihr Hund sich viel oder schnell mit seiner Stimme mitteilt: In der Regel können wir schon früher erkennen, dass er sich in einer Situation unwohl fühlt, aus ihr herauswill. Wir erkennen das an seiner Haltung, an kleinen Veränderungen der Mimik, an der sich anspannenden Muskulatur, an der Ohrhaltung oder anderen Signalen, die er aussendet. Genauso, wie Sie erkennen können, wann Ihr Hund richtig Spaß an etwas hat, können Sie lernen, zu lesen, wann er uns mit seinem Körper sein Unbehagen zeigt. Allerdings ist das von Hund zu Hund verschieden, sowohl in welcher Deutlichkeit er signalisiert, dass ihm etwas unangenehm ist also auch welche Veränderungen und Verhaltensweisen er zeigt.

Die wichtigsten **körpersprachlichen und unterschwelligen Signale,** die er uns geben kann, sind aus seinem Repertoire, mit dem er andere, egal ob uns Menschen oder seine Artgenossen, beschwichtigen möchte. Sie haben sich aus den sozialen Interaktionen von Wildhunden und Wölfen entwickelt, bei denen das Gruppenleben ein hohes Maß an Kooperation und Kommunikation erfordert. Indem wir diese Signale erkennen und verstehen, können wir beim Medical Training darauf eingehen und entsprechend reagieren, vom Verändern der Manipulationen bis hin zum Abbruch der Übung.

Was Sie als Signale (er)kennen sollten:

Gähnen: Wenn Ihr Hund gähnt, obwohl er nicht müde ist, kann dies ein Zeichen von Stress sein. Hunde nutzen Gähnen, um sich selbst zu beruhigen oder eine angespannte Situation zu entschärfen. Dieses Verhalten ist sehr ursprünglich, in ihren sozialen Gruppen dient es Hunden und Wölfen dazu, Spannungen innerhalb der Gruppe zu reduzieren und Konflikte zu vermeiden.

Lippenlecken: Beobachten Sie, dass Ihr Hund sich oft die Lippen leckt, besonders in neuen oder ungewohnten Situationen? Lippenlecken ist ein häufiges Zeichen von Nervosität und Unsicherheit. Diese subtile Art der Kommunikation tritt oft als automatische Reaktion auf stressige oder unklare Situationen auf. Durch das Lecken der Lippen signalisiert der Hund, dass er keine Bedrohung darstellt und versucht, die Situation zu deeskalieren. Dieses Verhalten ist in der Hundekommunikation tief verankert und hilft, potenzielle Konflikte zu vermeiden.

Blinzeln und Blickabwenden: Häufiges Blinzeln oder das Abwenden des Blicks sind klare Anzeichen dafür, dass sich Ihr Hund unwohl fühlt. Direkter Augenkontakt kann als Bedrohung empfunden werden, daher ist das Blinzeln oder Abwenden ein deeskalierendes Signal. In der Hundewelt kann direkter Augenkontakt als Bedrohung oder Herausforderung wahrgenommen werden. Durch häufiges Blinzeln oder das Abwenden des Blicks versucht der Hund, Spannung abzubauen und eine potenziell aggressive Reaktion zu verhindern. Diese feine Kommunikation zeigt, dass der Hund keinen Konflikt sucht und friedliche Absichten hat.

Seitliches Abwenden: Wenn Ihr Hund seinen Kopf oder Körper zur Seite wendet, zeigt er damit, dass er keinen Konflikt möchte. Dieses Verhalten signalisiert Unterwürfigkeit und dient der Konfliktvermeidung. Hunde nutzen dieses Signal, um Spannungen zu verringern und eine freundliche oder neutrale Haltung zu zeigen. Es ist eine klare Botschaft an das Gegenüber, dass der Hund keine Bedrohung darstellt und eine friedliche Interaktion bevorzugt, ihm aber diese Situation unangenehm ist.

Steife Haltung: Eine steife Körperhaltung, bei welcher der Hund angespannt wirkt und sich weniger flüssig bewegt, ist ein deutliches Zeichen von Unbehagen. Der Hund bereitet sich möglicherweise auf eine Abwehrreaktion vor, da er die Situation als potenziell bedrohlich wahrnimmt. Diese Körperspannung zeigt, dass der Hund auf alles vorbereitet ist und jede Bewegung seines Gegenübers genau beobachtet.

Kleinmachen: Ein gesenkter Kopf und eine geduckte Haltung zeigen, dass Ihr Hund sich unsicher oder ängstlich fühlt. Er versucht, sich kleiner zu machen und weniger bedrohlich zu wirken, um Aggressionen zu vermeiden. Diese Haltung wird oft in sozialen Interaktionen verwendet, um zu signalisieren, dass der Hund sich der Autorität des Gegenübers unterordnet.

Einfrieren: Steht oder sitzt Ihr Hund stocksteif da und seine Muskeln sind stark angespannt, zeigt er hohe Anspannung. Eine starre Haltung signalisiert hohe Anspannung und Bereitschaft zur Flucht oder Verteidigung. Der Hund ist in Alarmbereitschaft und könnte auf die kleinste Bewegung oder Bedrohung reagieren. Diese Körperspannung zeigt, dass der Hund sich extrem unwohl fühlt und jederzeit bereit ist, auf eine Veränderung in der Umgebung zu reagieren.

Ohren anlegen: Wenn die Ohren Ihres Hundes flach gegen den Kopf gelegt oder nach hinten gerichtet sind, deutet das auf Angst oder Unsicherheit hin. Ihr Hund signalisiert damit, dass er sich unwohl fühlt und möglicherweise bedroht ist. Mit diesem Verhalten versucht er, weniger auffällig und bedrohlich zu wirken, um eine aggressive Reaktion seines Gegenübers zu vermeiden.

Geweitete Pupillen: Große, geweitete Pupillen bei Ihrem Hund sind ein klares physiologisches Stresssignal. Sein Körper bereitet sich auf eine mögliche Bedrohung vor, indem er die Pupillen erweitert, um mehr Licht und Informationen aufzunehmen. Dies zeigt Ihnen deutlich, dass Ihr Hund Angst oder Erregung empfindet, da sein Nervensystem auf eine potenziell gefährliche Situation reagiert.

Schmale Augen: Schließt Ihr Hund seine Augen teilweise oder wirken sie kleiner, deutet das auf Unbehagen und den Versuch hin, eine bedrohliche Situation zu entschärfen. Dieses Verhalten kann auch ein Zeichen von Müdigkeit oder schmerzbedingt sein. In der Hundekommunikation bedeutet das Verengen der Augen, dass Ihr Hund versucht, seine Unsicherheit zu verbergen und die Situation vorsichtig zu beobachten.

Eingeklemmte Rute: Eine zwischen die Beine geklemmte und nach unten gerichtete Rute zeigt deutliche Angst und Unsicherheit bei Ihrem Hund. Er versucht, sich weniger bedrohlich zu machen und Schutz zu suchen. Dieses Verhalten zeigt Ihnen, dass Ihr Hund sich extrem unwohl fühlt und sich möglichst klein und unauffällig machen möchte.

Schwaches Wedeln: Ein langsam und niedrig wedelnder Schwanz bei Ihrem Hund zeigt Unsicherheit und manchmal auch Beschwichtigung. Er ist sich der Situation nicht sicher und versucht, vorsichtig zu sein. Dieses Verhalten signalisiert Ihnen, dass Ihr Hund die Situation genau beobachtet und unsicher ist, wie er reagieren soll.

Bevor unser Hund handelt, setzt er oft seine Stimme ein und versucht so, sich uns mitzuteilen. Dies hat er im Laufe seines Zusammenlebens mit uns Menschen gelernt – er hat sich uns angepasst und ist lauter geworden als seine Vorfahren. Darum sollten wir uns die **Bedeutungen der Laute** und was wir daraus ableiten können, ebenfalls kurz ins Gedächtnis rufen:

Winseln oder Fiepen: Winselt oder fiept Ihr Hund, zeigt er damit, dass er gestresst, ängstlich oder unbehaglich ist. Diese Laute signalisieren, dass er sich in einer Situation unsicher fühlt und nach Ihrer Unterstützung oder Beruhigung sucht. Wir kennen dieses Verhalten bei Welpen, die um Aufmerksamkeit oder Hilfe rufen, aber auch erwachsene Hunde verwenden Winseln, um ihre Bedürfnisse und Ängste zu kommunizieren.

Knurren: Wenn Ihr Hund knurrt, ist das ein deutliches Zeichen dafür, dass er sich bedroht oder unwohl fühlt. Knurren dient als Warnung und soll den Auslöser abschrecken. Ihr Hund zeigt damit, dass er bereit ist, sich falls nötig zu verteidigen. Dieses Signal ist oft die letzte Warnung, bevor er zu einer aggressiveren Handlung übergeht. Durch das Knurren versucht Ihr Hund, Konflikte zu vermeiden, indem er klar macht, dass er Abstand wünscht.

Bellen: Mit einem kurzen, scharfen Bellen will Ihr Hund Ihre Aufmerksamkeit oder warnt vor einer Gefahr. Wiederholtes, schnelles Bellen deutet darauf hin, dass Ihr Hund aufgeregt ist oder Angst hat. Ein oft tieferes, langsameres Bellen signalisiert hingegen, dass er sich ernsthaft bedroht fühlt.

Grundsätzlich gilt: Wenn wir unseren Hund beim Üben dazu gebracht haben, mit einem oder mehreren Beschwichtigungssignalen zu reagieren, ist es an uns, entweder abzubrechen oder die Situation so zu verändern, dass unser Hund sich wieder wohlfühlt!

Beim Erkennen von Stress- und Unsicherheitssignalen sind Sie auf Ihr Gespür angewiesen, auf ihre individuelle Wahrnehmung. Sicherlich kann Ihnen beim Kennenlernen und Wahrnehmen eine Hundetrainerin oder ein Hundeverhaltenstherapeut helfen. Scheuen Sie sich nicht, diese einzubeziehen.

Manchmal genügen schon kurze Smartphone-Videoaufnahmen, die Situationen zeigen, bei denen Sie sich unsicher sind, was Ihr Hund Ihnen gerade sagen will. Genauso wichtig ist es für Sie selbst, auch eindeutige Situationen – insbesondere auch positive Zeichen – erkennen zu können und festzuhalten. Mit diesen können Sie nämlich perfekt in die ersten Übungen einsteigen oder auch grundsätzlich in den Beziehungs- und Bindungsaufbau.

Darüber hinaus können wir uns manche dieser individuellen Verhaltensweisen auch zunutze machen und unauffällig in unser Medical Training integrieren bzw. **als Starthandlungen verwenden**. Kommt unser Hund beispielsweise von selbst zu uns und möchte gestreichelt werden, können wir das ausweiten und ganz nebenbei eine Pfotenkontrolle einbauen – oder die Ohren anschauen. Genauso gut ist es, wenn wir unserem lernbegierigen Liebling Tricks beibringen. Haben wir diese gut aufgebaut, sind sie nicht nur Spaß und Unterhaltung, sondern stellen auch schon einen großen Teil der Aktivitäten dar, die wir beispielsweise beim Tierarztbesuch oder der Krallenpflege gut nutzen können. Welpen tun sich hier, wie schon erwähnt, leichter, denn sie sind von sich aus neugierig und lernbereit – doch auch mit älteren Hunden können wir **Tricktraining** machen, das ihnen und uns nutzt. Sie werden selbst am besten wissen, was Ihnen und auch dem Hund Spaß machen könnte, wenn er es ausführt und mit Lob, Freude und etwas für ihn sehr Schönem belohnt wird.

Neben der Kooperation mit uns als Haltern brauchen unsere Hunde auch eine gewisse Gelassenheit, wenn andere sie berühren. Auch das ist etwas, bei dem wir in erster Linie unsere Sinne schulen müssen – und auf Stresssignale achten sollten. Andererseits haben wir selbst, wie schon erwähnt, eine große Wirkung auf unseren Hund: Sind wir nicht ängstlich und denken, »Oh weh, hoffentlich knurrt mein Hund nicht, wenn die Tierärztin ihn untersucht«, sondern sagen, »Hey, wir haben das geübt, wir bekommen das gemeinsam hin«, wird auch unser Hund sicherer in solchen Situationen sein.

Nachdem wir die ersten Voraussetzungen besprochen haben, lassen Sie sich im nächsten Kapitel davon überzeugen, dass eine grundsteinlegende Vorarbeit unerlässlich ist und die Basis allen Trainings und auch des Zusammenlebens mit unseren vierbeinigen Begleitern.

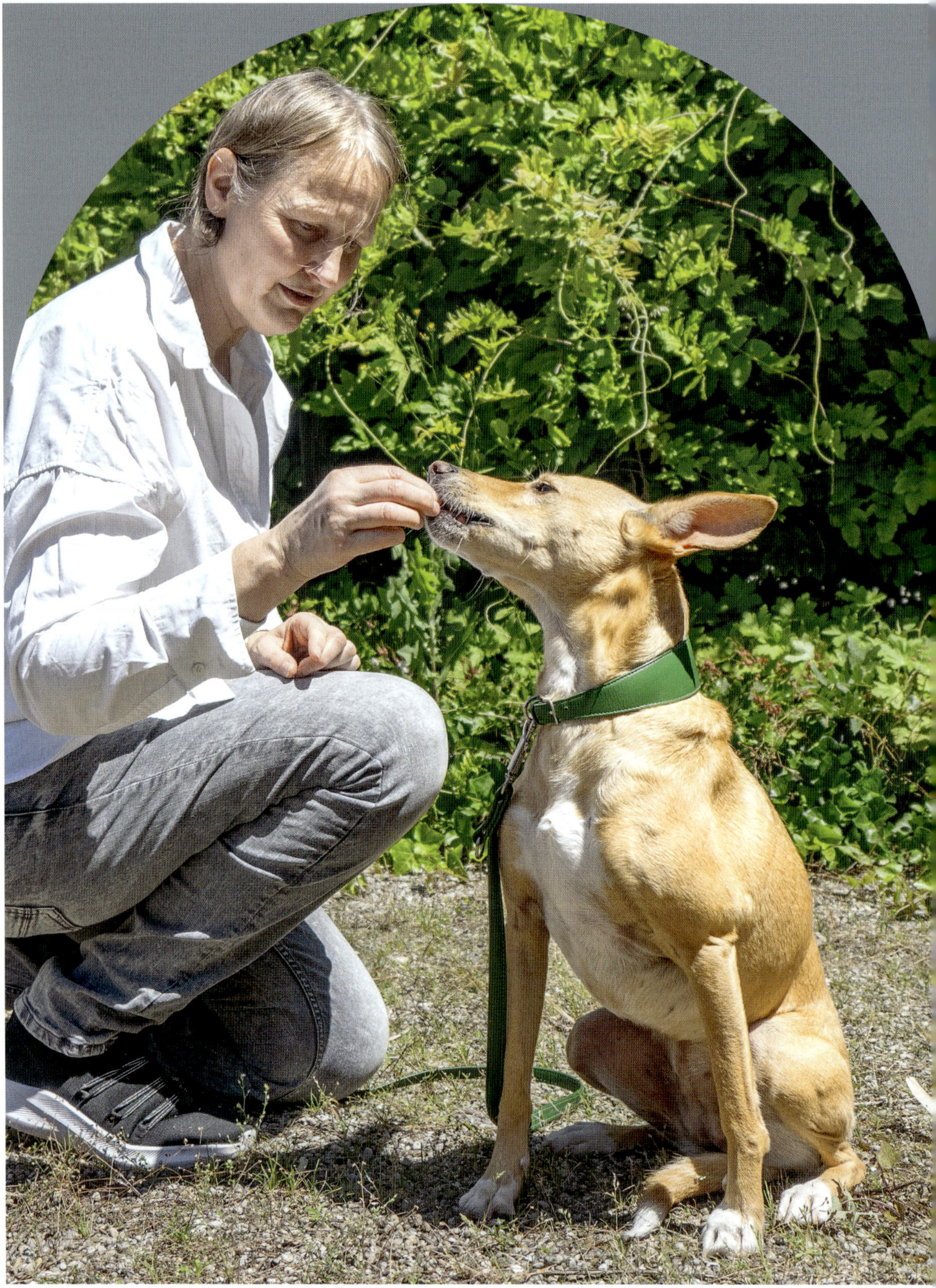

Kapitel

2

ALLES FÄNGT MIT EINER GUTEN BEZIEHUNG AN

Bevor wir uns um Details wie Pfote geben, Ohren untersuchen, Schnauze inspizieren oder Spritze geben kümmern können, brauchen wir ein gutes Fundament. Im Klartext heißt das: Wir brauchen eine **vertrauensvolle Beziehung** zwischen unserem Hund und uns. **Zieht ein Welpe bei uns ein**, können wir hier sehr schnell sehr viel erreichen. Im Idealfall kommt er mit 10, 12 Wochen bei uns an und ist für alles offen, will die Welt erobern. Dann sollten wir ihm auch die Zeit dafür geben, sich bei uns einzugewöhnen. Diese Phase ist entscheidend für den Aufbau von Vertrauen und Sicherheit.

Gönnen Sie ihm von Anfang an **einen sicheren Rückzugsort**, an dem er sich entspannen und erholen kann. Dieser kann ihm bei Zweifeln oder Unsicherheiten helfen, weil er gelernt hat, dass er dort sicher ist. Dieser Platz kann ihm ein wenig von der Geborgenheit aus der Anfangszeit mit seiner Mutter und Geschwistern vermitteln. Manche Welpen können sich anfangs etwas ängstlicher und unsicherer fühlen. **Lassen wir ihm die Zeit,** seine neue Welt in seinem Tempo kennenzulernen, Vertrauen zu fassen und überfordern ihn nicht. Zeigen wir ihm doch dadurch, dass wir seine Bedürfnisse respektieren und dass er sich keine Sorgen machen muss.

Mit unserem Welpen **lernen wir seine Körpersprache von klein an** mit – wir sehen, wie er sich verhält und wie sich seine Ausdrucksmöglichkeiten entwickeln. Das hilft uns, seine individuellen Verhaltensweisen und Reaktionen zu erkennen und verstehen. Beschwichtigungssignale, wie im vorherigen Kapitel beschrieben, können wir so z. B. leichter identifizieren und darauf reagieren. Eine Möglichkeit ist, mit beruhigenden Worten und sanften Streicheleinheiten ihm zu zeigen, dass er in Sicherheit ist. Lernen wir seine Körpersprache zu lesen, können wir seine Emotionen auffangen und sein Vertrauen in uns als seine Beschützer stärken.

Grundsätzlich hilft uns bei Situationen, die für unseren Welpen aufregend oder einschüchternd sind, wenn wir leise und beruhigend mit ihm sprechen. Durch **eine ruhige und positive Kommunikation** lernt er, unsere Nähe und unsere Worte mit dem Gefühl von Sicherheit und Geborgenheit zu verknüpfen. Zudem senken wir dadurch seine Aufgeregtheit, er kann sich schneller entspannen und wird die Situation als »ungefährlich« abspeichern. Genauso wichtig sind gemeinsame ruhige Aktivitäten wie Kuscheln oder sanftes Spielen. Diese **positiven Erlebnisse helfen** unserem Welpen, eine **emotionale Bindung** zu uns **aufzubauen** und Vertrauen zu entwickeln. Gemeinsame positive Aktivitäten schaffen eine **Basis für eine starke Bindung.**

Durch diese einfühlsamen und geduldigen Handlungen können wir unserem Welpen helfen, sich in seinem neuen Zuhause sicher und wohl zu fühlen. Er lernt, dass er uns vertrauen kann und dass wir immer für ihn da sind, was wiederum eine starke und vertrauensvolle Beziehung schafft.

Dasselbe gilt im Prinzip auch für jeden anderen älteren Hund, den wir neu bei uns aufnehmen. Durchlaufen Sie mit ihm dasselbe Programm wie sie es mit einem Welpen würden. Bedenken Sie jedoch, je nach seiner Vorgeschichte, dass **alles etwas länger brauchen** kann und in der Regel **wird**. Insbesondere das Ankommen und Eingewöhnen sollten wir ernst nehmen. Überfordern wir einen ehemaligen Straßenhund beispielsweise, indem wir ihm viele Kontakte in kurzer Zeit aufdrängen, (neben der Tatsache, dass er nicht mehr überall so wie er will und wohin er will herumlaufen darf) wird er länger brauchen, um zu uns echtes Vertrauen aufzubauen. Diese Hunde haben oft schlechte Erfahrungen gemacht und benötigen besondere Fürsorge.

Auch andere ältere Hunde brauchen oft deutlich länger, um sich einzuleben, insbesondere, wenn sie die **Prägephase ohne menschliche Sozialisation** durchlaufen haben. Geduld ist hier der Schlüssel. Diese Hunde sind besonders empfindlich. Sprechen Sie leise und beruhigend, um Ihrem neuen Hund Sicherheit zu geben. Ihre Stimme kann dem Tier helfen, Vertrauen zu Ihnen aufzubauen. In den ersten Tagen sollten Sie auch laute Geräusche und hektische Bewegungen vermeiden. Schaffen Sie eine ruhige Atmosphäre, die Stress und Angst beim

Hund reduziert. Gönnen Sie ihm außerdem in den ersten Tagen die Freiheit, selbst zu entscheiden, ob er Ihre Nähe haben möchte und sucht. Wieder ist **Geduld gefragt**: Das Tier darf sich Ihnen in seinem eigenen Tempo nähern. Allerdings können Sie ihm Gelegenheiten anbieten, in denen er dies jederzeit und ohne Einschränkung oder das Risiko, festgehalten zu werden, tun kann: Setzen Sie sich z. B. ruhig auf den Boden und lassen Sie ihn entscheiden, wann er bereit ist, näher zu kommen. Dieses Angebot und unsere Geduld mit dem Hund signalisieren ihm, dass wir seine Grenzen respektieren und dass er uns vertrauen kann.

Ältere Hunde, egal ob aus zweiter Hand oder dem Tierschutz, **profitieren von festen Routinen**. Regelmäßige Fütterungszeiten, Spaziergänge und Ruhezeiten helfen ihnen, sich sicherer zu fühlen. Indem wir eine verlässliche Struktur bieten, geben wir dem Hund Halt und Stabilität. Er kann ankommen und sich auf uns einlassen, da er nach und nach erkennt, wie unser gemeinsames Leben funktioniert und dass von uns keine Gefahr ausgeht. Durch diese einfühlsamen und geduldigen Handlungen können wir einem ehemaligen Straßenhund oder einem Hund aus dem Auslandstierschutz die Entscheidung erleichtern, sich uns anzunähern und Nähe zuzulassen. Jetzt sagen Sie vielleicht zu Recht: »Wir müssen aber doch auch Gassi gehen, ihm Halsband oder Geschirr anziehen, wollen ihn im Winter oder bei schlechtem Wetter einen schützenden Mantel anziehen, wie soll das gehen, wenn wir ihm die Entscheidung überlassen?« Anleinen und Gassi gehen, ganz klar, daran führt kein Weg vorbei. Hier ist es Ihre Aufgabe, ganz klar zu kommunizieren, dass es diese Dinge braucht, damit der Hund sich erleichtern, mit Ihnen gemeinsam unterwegs sein und die Gegend kennenlernen kann. In der Regel verstehen Hunde das, wenn Sie **genau das und nur das kommunizieren**. Keine Ängste, keine Panik, ob er sich jetzt anfassen lässt, ob er mit raus geht etc., sollten Ihren Wunsch, das mit Ihrem Hund zu machen, blockieren. In der Regel hat er beides auch schon vorher kennengelernt; die wenigsten Hunde kommen ganz ohne Erfahrungen mit Halsband und Leine zu uns. Ob es wirklich gleich der Mantel sein muss, oder ob ein großes Handtuch hinterher besser ist, müssen Sie anhand der Vorgeschichte und des gezeigten Verhaltens selbst entscheiden. Es gibt kein Patentrezept. Und vielleicht haben Sie ja das Glück und der Hund kennt es wirklich schon oder kommt sogar mit einer entsprechenden Grundausstattung zu Ihnen.

Hunde sind auf **klare, konsistente Kommunikation** angewiesen. Um eine harmonische Beziehung zu Ihrem Hund aufzubauen, ist es entscheidend, selbst genau das zu beachten und andererseits auch seine natürlichen Verhaltensweisen und Kommunikationssignale zu verstehen. Wir wissen, dass das Sozialverhalten der Hunde in ihren Instinkten verankert ist. Sie kommunizieren durch Körpersprache, Lautäußerungen und Gerüche. Im Kommunikationsrepertoire unserer Hunde sind akustische Signale, also Bellen, Knurren, Winseln, Fiepen oder

Jaulen ihre Möglichkeiten, um uns Emotionen und Bedürfnisse mitzuteilen. Es ist wichtig, diese Geräusche im Kontext zu interpretieren, um darauf entsprechend reagieren zu können. Auf der anderen Seite haben sie, wie wir auch, bestimmte Bedürfnisse. Wollen wir also erfolgreich mit ihnen kommunizieren, bietet es sich an, ihre **natürlichen Bedürfnisse** aufzugreifen und zu nutzen, um unsere Ziele zu erreichen. Eines davon ist der Wunsch nach Sicherheit, keine Gefahren befürchten zu müssen. Ein anderes Bedürfnis ist das nach Futter, genauer nach ausreichend Nahrung, die den Hund sättigt und ihm die nötige Energie liefert. Beides können wir sehr gut nutzen, um unseren Hunden etwas beizubringen. Durch seine jahrhundertelange Gewöhnung an die Gesellschaft der Menschen ist auch die Nähe und soziale Interaktion ein Ziel, das unsere Hunde antreiben kann, etwas zu tun. So steht uns neben der **Verwendung positiver Verstärkung** als auch klarer Signale noch die gemeinsame Beschäftigung als Instrument zur Verfügung, um unsere Hunde zu motivieren, mit uns zu kooperieren.

Das Prinzip fußt auf der **Belohnung des Hundes für gewünschtes (richtiges) Verhalten**. Im Training mit positiver Verstärkung zu arbeiten, um gewünschtes Verhalten zu fördern, ist eine bewährte Methode. Gerade für den Beziehungsaufbau bietet sie sich an, da sie dem Hund Erfolgserlebnisse verschafft, die er auf der »Habenseite« Ihrer Beziehung verbuchen kann. Bekommt er diese, und hat er das Prinzip verstanden, wird seine Motivation zur Kooperation deutlich größer ausfallen. Effektive positive Verstärker sind beispielsweise Leckerlis, Spielzeug, Lob und Streicheleinheiten. Wählen Sie Belohnungen, die Ihr Hund besonders schätzt, um die besten Ergebnisse zu erzielen. Ein zentrales Element der positiven Verstärkung ist zudem das richtige Timing. Die Belohnung muss unmittelbar nach dem gewünschten Verhalten erfolgen, damit der Hund die Verbindung zwischen seiner Aktion und der Belohnung versteht. Konsistente Anwendung der positiven Verstärkung ist unerlässlich. Jeder in Ihrem Haushalt sollte die gleichen Regeln und Belohnungen anwenden, um Verwirrung beim Hund zu vermeiden.

Gerade, wenn wir unseren Hund für seine Kooperation, für den Aufbau einer guten Beziehung, bestätigen und belohnen wollen, ist die **positive Verstärkung** eine sehr geeignete Methode. So wird unsere Beziehung an Erlebnisse gekoppelt, die für den Hund positiv sind, und auch sein Sicherheitswunsch erfüllt. Er kann zu uns Vertrauen fassen, weil seine Interaktion mit uns für ihn ein Bedürfnis befriedigt. Kommt dann noch eine Belohnung hinzu, haben wir doppelt bestätigt, dass er etwas Richtiges tut – auch wir würden uns da als Hund gut und wohlfühlen, oder?

Eine besonders wirksame Technik zur positiven Verstärkung ist das **Markertraining**. Beim Markertraining werden ein »Markerwort« oder ein »Clicker« verwendet im exakten Moment des gewünschten Verhaltens. Ein Markerwort ist ein eindeutiges Wort wie »Prima« oder »Super!«,

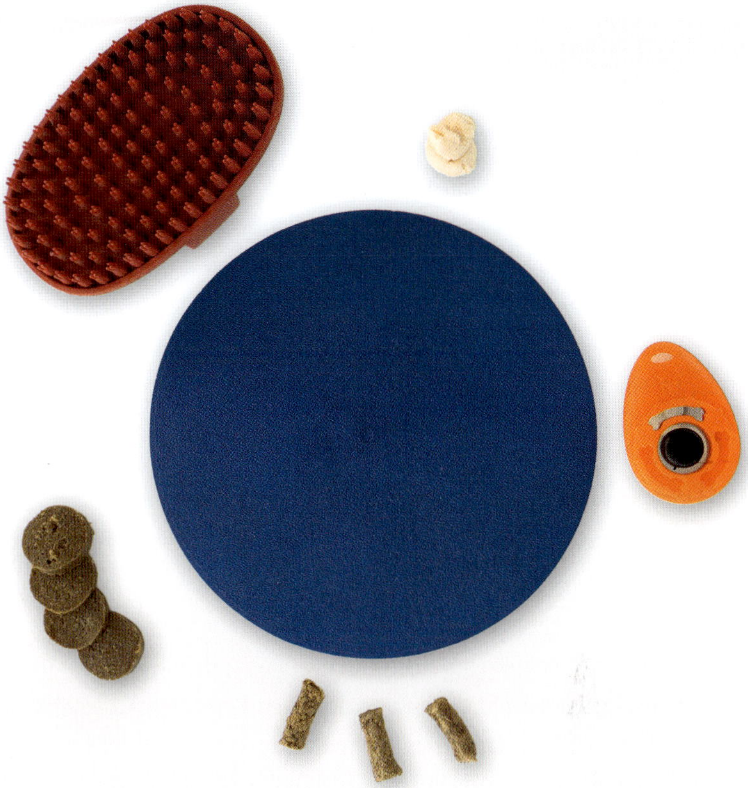

Im Medical Training können wir neben verschiedenen sehr begehrten und exklusiven Leckerli-Belohnungen den Clicker nutzen. Hilfreich kann auch eine Massage-/ Striegelbürste sein. Auch zu sehen: eine Target-Matte.

das sofort beim Zeigen des gewünschten Verhaltens verwendet wird. Es signalisiert dem Hund akustisch, dass eine Belohnung folgt. Im Unterschied dazu ist ein Clicker ein kleines Gerät, das ein klickendes Geräusch erzeugt, wenn der entsprechende Knopf gedrückt wird. Das Geräusch des Clickers dient als präzise Markierung des richtigen Verhaltens und signalisiert ebenfalls, dass eine Belohnung erfolgt. Durch diese präzise Rückmeldung kann der Hund schneller und effektiver lernen, was von ihm erwartet wird. Im Vergleich zum Markerwort, bei dem wir selbst darauf achten müssen, es möglichst punktgenau und immer gleich auszusprechen, hat der Clicker den Vorteil, dass er unsere Konzentration nur auf den richtigen Zeitpunkt fordert – und damit präziser ist und jedes Mal gleich klingt. Das macht es uns in der Regel einfacher – insbesondere, wenn wir eine Folge von gewünschten Handlungen des Hundes bestätigen wollen. Gerade bei Worten hat unser Hund gelernt, genau auf den Klang zu hören und daran unsere Stimmung abzulesen – das kann ihn in dem Moment ablenken und er braucht länger, um die Verbindung zwischen seinem Handeln und unserer Bestätigung in seinem Gedächtnis zu verankern. Jeder Hund ist individuell und reagiert unterschiedlich auf verschiedene Arten von Belohnungen und Trainingstechniken. Beobachten Sie daher genau, was für Ihren Hund am besten funktioniert, und passen Sie Ihre Methoden entsprechend an.

Neben dem Markertraining spielt auch das Verständnis von Signalen eine wichtige Rolle. Unser Hund sollte lernen, auf bestimmte Signale (wie Handzeichen oder verbale Kommandos) zuverlässig zu reagieren. Auch hier erreichen wir eine vertrauensvolle Zusammenarbeit durch geduldiges Üben und ständige Verstärkung des richtigen Verhaltens. Das **Einführen von Signalen** hilft uns dabei, Missverständnisse zu vermeiden und die Kommunikation zwischen uns und unserem Hund zu verbessern. Haben wir das in dieser Richtung bereits erfolgreich geschafft, können wir auch Signale einführen, mit denen der Hund uns wiederum ganz klar und unmissverständlich etwas mitteilen kann. Damit sind wir bei den ersten Übungen, die wir fürs Medical Training hier vorstellen wollen.

Kooperationssignale einführen

Sie haben sicherlich schon erlebt, dass Sie Ihre Hunde fragen: »Wollen wir spazieren gehen?«, wenn Sie das schon längst geplant haben. Aus unserer normalen menschlichen Kommunikation mit Sozialpartnern heraus stellen wir lieber eine Frage, auf die der andere dann antworten kann. Psychologisch hat das einen positiven Effekt, denn bestätigt er die Frage mit ja, hat er vermeintlich selbst die Entscheidung getroffen und ist motivierter dabei. Das übertragen wir auf unsere Hunde – und in der Regel wirkt es für uns ähnlich, denn welcher Hund möchte nicht gerne Gassi gehen, wenn er gelernt hat, dass er dabei viel erlebt und es Spaß macht? Von Ohren spitzen über freudiges Bellen bis zur Tür laufen oder die Leine vom Haken nehmen ist alles im Repertoire unsere Hunde möglich, mit dem er uns zeigt, dass er bereit ist, dass er mitmöchte. Dieses Signalisieren können wir nutzen: Wir bauen bestimmte Handlungen des Hundes als Signal auf, mit denen er uns mitteilen kann, dass er bereit ist, mitzumachen. Dabei geht es darum, bestimmtes Verhalten für uns und den Hund eindeutig zu definieren und darüber Klarheit zu schaffen, was der jeweils andere tun kann oder lassen sollte, wenn er z. B. aus der Situation herauskommen will. Zunächst wollen wir positive Signale, mit denen der Hund uns sein Einverständnis für die Mitarbeit zeigen kann, einführen. Wir bedienen uns dabei – wie auch bei anderen Übungen im Medical Training – aus dem Bereich der Tricktrainings.

Einführen eines Hand-Target

Ziel: Unser Hund soll lernen, unsere Hand mit seiner Nase zu berühren. In erster Linie können wir es einsetzen, wenn wir wollen, dass unser Hund bei uns steht und seine ganze Aufmerksamkeit uns schenkt: Das hilft beim Tierarzt, wenn dieser beispielsweise den Hund abtasten will. In einem zweiten Schritt können wir unserem Hund auch beibringen, dass er später uns damit signalisieren kann, dass er unsere Aufmerksamkeit will: weil er beispielsweise unsere

Bestätigung möchte, dass alles gut ist und ihm nichts passiert. Gerade in der Tierarztpraxis kann es vorkommen, dass wir abgelenkt sind durch das Gespräch und der Hund verunsichert sein kann. Dann hat er damit ein Instrument, mit uns Kontakt aufzunehmen und sich Bestätigung abzuholen.

Was Sie dafür einplanen sollten:

- **Dauer:** Maximal 5 Minuten pro Trainingseinheit
- **Häufigkeit:** ein- bis zweimal täglich
- **Materialien:** Leckerlis, ruhige Umgebung

1. Erste Annäherung

- **Hand hinhalten:** Wir halten unsere Hand flach vor den Hund, etwa in Nasenhöhe.
- **Neugier wecken:** Bei den ersten Übungseinheiten belohnen wir bereits die Annäherung an die Hand. In den folgenden Übungseinheiten zögern wir dies nach und nach so lange hinaus, bis der Hund die Handfläche berührt. Die richtige Handlung belohnen wir jeweils mit Lob oder Clicker und geben ihm ein Leckerli.
- **Wiederholung:** Das Hand-Target lässt sich gut ein paar Mal hintereinander üben, indem wir die Hand zwischendurch schließen und/oder wegnehmen und dann erneut hinhalten.

2. Einführung eines Signals

- **Eindeutiges Signal einführen:** Sobald unser Hund zuverlässig unsere Hand berührt, sagen wir »Touch« (oder ein anderes gewähltes Signalwort), unmittelbar bevor er die Hand berührt.
- **Loben und belohnen:** Wenn unser Hund auf das Signal hin die Hand berührt, loben wir ihn mit dem Clicker oder akustisch und geben ihm ein Leckerli.
- **Üben und verlängern:** Diesen Schritt üben wir für mehrere Tage in kurzen Einheiten, ähnlich des ersten Schrittes. Dabei versuchen wir, den Hund länger an der Hand zu halten. Dieses Aushalten belohnen wir durch wiederholtes Loben bzw. Clickern!

3. Generalisieren des Signals

- **Position variieren:** Wir halten unsere Hand in verschiedenen Positionen (höher, tiefer, seitlich), damit unser Hund lernt, auf das Signal hin die erwünschte Handlung in unterschiedlichen Situationen auszuführen.
- **Ablenkung hinzufügen:** Nach einigen Tagen fügen wir Ablenkungen hinzu, wie z. B. andere Personen oder Geräusche, und wiederholen die Übung.
- **Training fortsetzen:** Wir wiederholen die Übungen zuhause, an anderen Orten, beim Spaziergang regelmäßig – sodass wir das Verhalten festigen.

Belohnen wir am Anfang bereits die vorsichtige Annäherung an die Hand, reagieren wir bei späteren Übungseinheiten dann erst, wenn der Hund näherkommt und zuletzt, wenn er die Hand berührt bzw. seine Nase länger auf unserer Handfläche ruhen lässt. Um das zu erreichen, clickern wir wiederholt, solange er die Nase an der Handfläche belässt. Ebenso verfahren wir bei Kinn- oder Boden-Target. Letzteres wird im Kapitel 5 vorgestellt.

Nachdem unser Hund gelernt hat, dass er beim Hand-Target eine Belohnung erhält, wird er wahrscheinlich von sich aus gelegentlich versuchen, dieses Ziel zu erreichen: Diese Gelegenheiten sollten wir nutzen und ihm unsere ganze Aufmerksamkeit schenken: Wir geben dann idealerweise bei Berührung sowohl das Signal, also auch die Belohnung. Nicht immer halten wir unsere Hand so, dass der Hund sie erreicht – er wird also wahrscheinlich auch sein Glück mit einem Stups am Bein versuchen. Auch hier ist es gut, wenn wir im kurz unsere Aufmerksamkeit schenken. Verbinden wir es gleich mit einer eindeutigen Aussage wie: »Alles ist gut« haben wir dies gleich für den Tierarztbesuch parat.

Aufbau des Kinn-Target

Ziel: Unser Hund soll lernen, sein Kinn auf eine bestimmte Fläche oder in unsere Hand zu legen. Auch dieser Trick – den Kopf in den Schoß legen – kann mehr als Pose für ein Foto sein und sich bei Tierarzt, Therapeut oder dem Hundefrisör als hilfreich erweisen.

Was Sie dafür einplanen sollten:

- **Dauer:** Maximal 5 Minuten pro Trainingseinheit
- **Häufigkeit:** ein- bis zweimal täglich
- **Materialien:** Leckerlis, ruhige Umgebung, Target-Fläche (z. B. kleines Tuch, Matte)

1. Erste Annäherung

- **Target präsentieren:** Wir zeigen unserem Hund die Target-Fläche (z. B. ein kleines Tuch) und lassen ihn daran schnüffeln.
- **Loben und belohnen:** Sobald er die Fläche beschnüffelt, loben wir ihn und geben ihm ein Leckerli.
- **Wiederholung:** Diesen Schritt wiederholen wir mehrmals, bis unser Hund versteht, dass das Beschnüffeln der Fläche eine Belohnung bringt.

2. Einführung eines Signals

- **Eindeutiges Signal einführen:** Sobald unser Hund die Target-Fläche zuverlässig beschnüffelt, sagen wir »Kinn« (oder ein anderes gewähltes Signal), unmittelbar bevor er die Fläche berührt.
- **Loben und belohnen:** Wenn unser Hund auf das Signal hin die Fläche berührt, loben wir ihn überschwänglich und geben ihm ein Leckerli.
- **Üben:** Diesen Schritt üben wir mehrere Tage in kurzen Einheiten.

3. Generalisieren des Signals

- **Dauer verlängern:** Sobald unser Hund das Kinn auf die Target-Fläche legt, verlängern wir schrittweise die Zeit, die er in dieser Position bleibt, bevor er die Belohnung erhält.
- **Hand als Target:** Wir legen unsere Hand unter das Kinn des Hundes und verwenden das gleiche Kommando. Wenn er sein Kinn in unsere Hand legt, loben wir ihn und geben ihm ein Leckerli.
- **Training fortsetzen:** Wir wiederholen diese Übungen regelmäßig, um das Verhalten zu festigen.

Ebenso, wie wir das Target starten können mit einem Signal, lohnt es sich auch immer, ein **Auflösesignal** zu haben. Gerade beim Kinn-Target haben wir ja daran gearbeitet, dass unser Hund es möglichst lange aushält. Wir setzen also an dieser Stelle ein und bringen das Auflösesignal ins Spiel. Das darf übrigens für jedes Training, für alle Aktionen, die wir von unseren Hunden einfordern, dasselbe sein. Haben Sie also für das »Fuß gehen« bereits ein Auflösesignal eingeführt, können Sie dieses jetzt auch verwenden. Oder andersherum: Macht Ihr Hund auf Signal »Sitz«, können wir das mit demselben Auflösesignal wie beim Kinn-Target auch wieder freigeben.

Einführung eines generellen Auflösesignals

- **Timing ist alles:** Egal welches Target Sie mit Ihrem Hund trainieren: Sobald das Signal sitzt, können wir für das Beenden ein Auflösesignal einführen. Wichtig ist, dass wir den Moment nutzen, in dem der Hund selbst die Position verlässt. Damit nutzen wir die Gelegenheit, ihm zu vermitteln, dass wir beim bzw. zum Beenden einer bestimmten Handlung ein Signal geben.
- **Wiederholen:** Hat der Hund einmal verstanden, dass das Signal das Ende einer bestimmten Position bzw. eines Verhaltens von ihm begleitet, sollten wie es aktiv nutzen, bevor der Hund die Position von sich aus verlassen will.
- **Übertragen:** Wir sollten dieses Signal auf alle möglichen anderen Situationen übertragen, um es dadurch zu generalisieren und unserem Hund die Bedeutung so im Gedächtnis zu verankern.

Alle Targets können auch nach einer intensiveren Lernzeit weiter täglich geübt werden. Es sollte nur nicht zu einem bestimmten Ritual werden, also nicht immer genau vor dieser oder jener anderen Aktion stattfinden. Gehen wir nämlich dann zum Tierarzt oder Hundefrisör und setzen sie dort ein, kann unser Hund eine andere Erwartung daran haben, was folgt: Wenn also etwas anderes passiert, kann er uns das übelnehmen! Dann wäre unser Kooperationstraining vielleicht umsonst gewesen ...

Grundsätzliches zum Training

- **Geduld und Ruhe:** Wir bleiben geduldig und ruhig, belohnen jeden kleinen Fortschritt und beenden das Training stets positiv.
- **Kleine Schritte:** Wir steigern die Anforderungen langsam, um Frustration beim Hund zu vermeiden.
- **Regelmäßigkeit:** Konsistenz ist der Schlüssel. Kurze, regelmäßige Trainingseinheiten sind effektiver als lange, seltene Trainings.

Mit diesen Tricktrainings haben Sie ganz nebenbei geübt, was Sie in eventuell stressigen Situationen mit Ihrem Hund abrufen können. Da diese Übungen für Sie beide emotional positiv besetzt sind, dämpfen sie aufkommende Unsicherheit und können entspannt in z. B. Untersuchungssituationen mit dem Hund zusammenarbeiten.

Auf der anderen Seite hat unser Hund damit auch ein Instrument zur Verfügung, um uns zu sagen, wenn ihm eine Situation unangenehm ist. Entweder, wenn wir die Handlungen nicht von ihm eingefordert haben, kann er uns damit signalisieren: »Hallo, bist du da, ist das alles in Ordnung?« oder auch, wenn er eine **Haltung selbst auflöst,** ohne eine Rückfrage bei uns zu stellen, dass er es als unangenehm empfindet und wir abbrechen sollten. Natürlich wollen wir es nicht soweit kommen lassen! Im Normalfall ist unsere Beziehung so gut, dass der Hund immer erst Rücksprache – beispielsweise durch Suchen unseres Blickkontakts, leichtem Zurückziehen der Schnauze oder auch andere mimische Signale – mit uns hält und wir dann, wenn es uns sinnvoll erscheint, die Situation auch beenden können. Allerdings sollte es auch für unseren Hund in Ordnung sein, wenn wir ihm dann einfach bestätigen, dass wir das gerne weiter mit ihm machen möchten und er nichts befürchten muss, jedoch bitte weiter am Target bleibt. Auch das ergibt sich in den Übungseinheiten: Sie werden sehen, das bekommen Sie und Ihr Hund fast von alleine hin. Dennoch ist es wichtig, dass Sie es einbauen, also selbst gelegentlich einfordern und natürlich hinterher entsprechend sehr hochwertig belohnen.

Apropos **Belohnung:** Zur Einführung eines neuen Tricks sind Leckerlis in den allermeisten Fällen eine wunderbare Hilfe. Im alltäglichen Wiederholen, wenn das Element gelernt ist und wir einfach Spaß daran haben, es auszuprobieren, können wir natürlich auch anders belohnen. Streicheleinheiten, freundliches Lob – oder im Fall des Länger-aushaltens als der Hund eigentlich von sich aus wollte – Spieleinheiten mit dem Lieblingsspielzeug, können genauso effektiv als positive Verstärker eingesetzt werden.

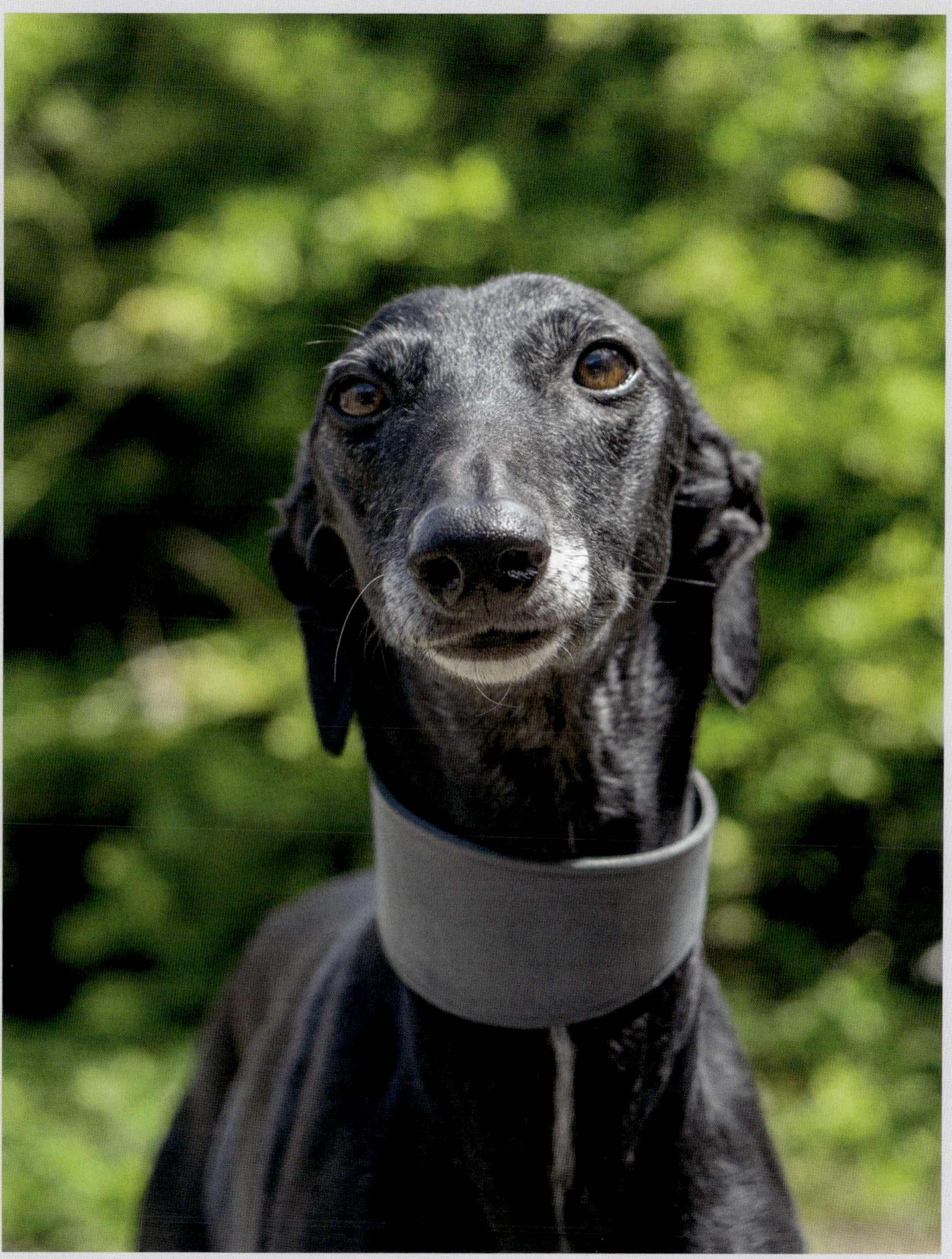

Welche Belohnungen hoch im Kurs stehen, unterscheidet sich von Hund zu Hund. Kennen Sie die »Rangliste« Ihres Lieblings?

Kapitel

3

SO KLAPPT'S BEI TIERARZT, THERAPEUTEN & CO.

Bisher waren wir noch nicht wirklich beim »Ernstfall« mit unseren Medical-Training-Anfängen, und das ist auch gut so. Damit wir einen Schritt weiterkommen und emotional bei einem anstehenden Untersuchungs- oder Behandlungstermin selbst entspannt bleiben können, sollten wir den Besuch in der jeweiligen Praxis unserer Wahl so früh wie möglich einplanen. Und zwar als eine Art Spaziergang. Weder holen wir uns einen offiziellen Untersuchungstermin, noch kündigen wir das ganze Unterfangen unserem Hund als etwas Besonderes, Außergewöhnliches an.

Zum einen empfiehlt es sich, die tierärztliche Praxis vorab einmal alleine, ohne den Hund, zu besuchen. **Lernen Sie die Tierarztpraxis kennen**. Machen Sie sich mit der Umgebung dort und vor allem mit dem Tierarzthelferinnen und -helfern (TFA) vertraut. Schließlich müssen auch Sie sich dort in guten Händen wissen. Werden Sie den Ort später mit Ihrem Hund aufsuchen, wissen Sie bereits alles Nötige und können ihn ruhig und selbstsicher anleiten. Wenn sich zum anderen auch noch die Gelegenheit ergibt, die Ärztebelegschaft kurz zu sehen, ist das noch besser. In Tierkliniken ist das mitunter etwas schwieriger: Dort haben Sie es häufiger mit so vielen Mitarbeitenden zu tun, dass Sie besser auf ihr Bauchgefühl und dem Eindruck beim ersten Besuch vertrauen. Haben Sie ein gutes Gefühl, können sie den nächsten Schritt gehen.

Bevor Sie zum Spaziergang mit Hund dorthin aufbrechen, sollten Sie sich die beste Zeit ausgesucht haben. Idealerweise haben Sie bereits bei ihrem Vorab-Besuch bei den TFA günstige Zeiten für den spontanen Besuch erfragt. Gut ist, wenn Sie zusätzlich ausgemacht haben, dass sie vorher telefonisch nachfragen, ob dann gerade wenig los ist im Wartezimmer. Natürlich heißt das nicht, dass Sie vom Telefon gleich zur Leine greifen und losstürzen sollten – allerdings ist zeitnah aufzubrechen sicher kein schlechter Rat. Wir alle wissen, dass es immer unerwartete Notfälle geben kann, weswegen es sich dann im Wartezimmer vielleicht doch etwas staut. Dennoch ist es einfacher, wenn Sie sich so ein wenig absichern, dass die Helferinnen auch etwas Zeit haben und Ihr Hund einfach mal den Anmelde- und Wartebereich inspizieren kann. Auch hier arbeiten Sie wieder mit positiven Verstärkern. Lob, vielleicht die eine oder andere Streicheeinheit, wenn der Hund von sich aus den Kontakt mit den Helferinnen und Helfern sucht, sind ideale Begleiter der Aktion. Aber auch, wenn Ihr Hund eher zu der scheuen Sorte gehört und nicht gleich jeden Fremden an sich heranlässt, hat er so die Gelegenheit, die Gerüche auf Distanz wahrzunehmen und abzuspeichern. Ganz zutrauliche Hundewesen können natürlich auch schon einmal in den Genuss einer Leckerli-Belohnung durch die TFA kommen, ein echtes Highlight für den Hund! Mit dieser positiven Erinnerung endet dann auch schon der erste Besuch, wir wollen niemanden überfordern.

Tipp: Manche Tierarztpraxen bieten von sich aus Zeiten an, in denen die Mitarbeitenden allein, also ohne Patienten, vor Ort sind. Das gibt Ihnen die Gelegenheit, mit Ihrem Liebling noch stressfreier einfach mal vorbeizuschauen. Nutzen Sie dieses Angebot oder fragen Sie entsprechend nach, ob die Praxis das ermöglichen kann. Ebenso steht die Waage bei vielen im Vorraum. Sie kann ein spielerisches Element sein, mit dem Sie Ihrem Liebling die Tierarztpraxis als »coole Sache« verkaufen können. Lassen Sie Ihren Hund daran schnuppern und ausprobieren, was es mit dem Gerät auf sich hat, dass er zuhause ja eher nicht kennengelernt hat. Das können Sie schon positiv verstärken, indem sie ihn loben. Geht er von sich aus weiter und erklimmt die Waage, belohnen Sie (oder die TFA) sein Draufsteigen und Wiegen lassen mit einer hochwertigen Belohnung. Sie glauben gar nicht, wie gerne er beim nächsten Spaziergang wieder dorthin möchte, um sein Leckerli abzuholen.

Haben Sie Zeit, bis beispielsweise der erste Impftermin ansteht, können Sie natürlich auch häppchenweise mehr kennenlernen, also beispielsweise die **Behandlungsräume in einem separaten Termin besichtigen**. In der Regel nehmen unsere Hunde allerdings auch beim ersten Ausflug bereits viel mehr Eindrücke und Gerüche auf und mit, als uns bewusst ist. Dazu gehören auch die Geräusche aus den Räumen – oder beim Wiegen. Können wir den Behandlungsraum einmal ohne Termin nur zum Anschauen besuchen, ist das von Vorteil. Versuchen Sie jedoch nicht gleich beim ersten Erkunden, dass das Tier auf den Behandlungstisch steigt und hochgefahren wird – hier lauert das Risiko des Erschreckens oder des Aufwühlens alter Ängste und Erfahrungen. Je nachdem, was Ihr Hund bereits früher erlebt hat, kann das kontraproduktiv sein.

Wenn Sie Ihren Hund wirklich gut einschätzen können und ihm Experimentieren Spaß macht, ist das natürlich schon eine Option. Besonders dann, wenn er im Alltag sowieso gerne auf Kisten, Steine und ähnliches klettert. Mehr dazu, wie wir im Alltag für Behandlungssituationen wertvolle Aktivitäten wie diese einbauen, finden Sie in Kapitel 6. Doch in der Regel ist es ausreichend, dass er diese Erfahrung das erste Mal mit Ihnen bei einem Routinebesuch macht, bei dem keine großartigen Operationen – und auch nicht unbedingt gleich die erste Impfung – stattfinden. Sind Sie nämlich, mit gefestigter Bindung und einer entspannten Grundhaltung, dann tatsächlich regulär in der Praxis zur Behandlung, kann Ihr Hund vorher Gelerntes abrufen: »Hey, es passiert etwas, das ich nicht kenne, aber meine Vertrauensperson ist dabei. Ich kann mich auf sie verlassen. Mir wird nichts passieren.« Ach ja, auch hierbei gilt: Gehen Sie locker und gelassen damit um, als sei es etwas Alltägliches, dann kommt im Idealfall beim Hund gar keine Unsicherheit auf. Haben Sie diese Stippvisiten im Vorfeld gemeistert und kommt ein erster echter Termin näher, gehen Sie diesen sicherlich entspannter an. Wenn Sie dann noch auf verständige Tierärzte treffen, die denselben Wunsch haben wie Sie, wird alles fast wie von selbst ... Versuchen Sie, auch hierbei alles zu tun, dass Sie und der Hund entspannt hinein und wieder herausgehen.

Foto: privat

Dr. med. vet., M.Sc. **Pasquale Piturru,**

Fachtierarzt für Verhaltenskunde, Fachtierarzt für Kleintiere, Fachtierarzt für Tierschutzkunde, Zusatzbezeichnung Verhaltenstherapie

Damit der Praxisbesuch wirklich entspannt verläuft, brauchen Hunde und Halter eine gute Vorbereitung und Bindung.

Das Training fängt schon lange vor dem ersten Tierarztbesuch an. Je nachdem, wo das Tier auf die Welt kommt, lernt es schon vieles kennen, was uns nachher hilft. Natürlich gibt es Ausnahmen, aber wenn wir einen Hund beim Züchter als Welpen ausgesucht haben und ihn dann im Alter von 10, 12 Wochen zu uns holen, hat er in aller Regel bereits vieles gelernt: darunter, angefasst zu werden, sich anschauen zu lassen und mehr – denn verantwortungsvolle Züchterinnen und Züchter legen Wert darauf, ihre Schützlinge gut auf ihr späteres Leben vorzubereiten und tragen natürlich die Verantwortung dafür, dass die jungen Hunde wohlauf sind. Das ist eine prima Basis und man hat schon gut 70 Prozent des Medical Trainings. Bei den restlichen 30 Prozent stellt sich die Frage, wie wir es am besten und einfachsten für uns und den Hund hinbekommen, dass auch diese funktionieren. Die Besitzer spielen eine wichtige Rolle, ebenso wie der Tierarzt oder die Tierärztin, mit denen man zusammenarbeitet.

Ganz einfach wäre es, würden die Hundehalter zum Tierarzt gehen, wie sie zum Bäcker gehen – also einfach ganz normal spazieren gehen, nur eben mit einem etwas anderen Ziel. Ganz unspektakulär, ohne selbst aufgeregt zu sein. Wenn Sie sich jedoch innerlich fragen: »Uhh, jetzt gehen wir zum Tierarzt, wie das wohl gehen wird?« – dann steigt die Aufregung und der Hund merkt das sofort. Er denkt »wer weiß, was auf mich zukommt« und reagiert darauf. Dazu kommt noch, dass der Hund tatsächlich oft gleich im Mittelpunkt steht, in dem Moment, in dem eine Behandlung stattfindet. Das kann – je nach Individuum – positiv, aber auch sehr negativ sein. Besonders, wenn es ein Hund »aus zweiter Hand« ist, wissen wir oft nicht, welche Erfahrungen er mitbringt. Er kann das mit negativen Erlebnissen verknüpft haben, sei es eine Manipulation, die er nicht kennt, eine Spritze oder andere Sachen. Dann müssen wir daran arbeiten, dass er diese Situationen anders abspeichert.

Tierärzte sollten hier beispielsweise den Hund erst einmal einfach hereinkommen lassen und ignorieren – die ganze Situation durch Reden mit den Haltern entschärfen. Und dann wird der Hund vielleicht schon einmal herumschnuppern, sich vorsichtig annähern. In dieser Zeit kann man erst einmal fragen, worum es geht, was heute untersucht werden soll, und erklären, was man alles tun will und so auch den Stress bei den Haltern abbauen. Oft wird dann alles entspannter und der Hund lässt sich untersuchen. Ist der Stresslevel des Tiers jedoch zu hoch, empfiehlt es sich, eine Untersuchung abzubrechen: Wir haben alle nichts davon, wenn der Hund ein traumatisches Erlebnis mit aus der Praxis nachhause nimmt, weil er vielleicht nicht so sozialisiert wurde als Welpe oder eben dramatische Erfahrungen gemacht hat früher. Das müssen wir viel kleinschrittiger angehen.

Als Halter oder Halterin ergeben sich für Sie nochmal ein paar Aufgaben für zuhause – nämlich die Beziehung zu festigen – und Berührungen in den Alltag einzubauen. Das A und O ist wirklich, dass man den Hund anfassen kann. Zuhause ist es also an den Besitzern, ihren Hund daran zu gewöhnen und die Berührungen mit für den Hund schönen Empfindungen zu verknüpfen. Leichte Massagen sind z. B. etwas, das den meisten Hunden guttut und gefällt. Eine schöne **Massage im Bereich der Lefzen** ist sehr hilfreich, denn die Tiere lernen so auch, von uns am Maul manipuliert zu werden. Das ist für sie etwas, dass sie von sich aus nicht kennen oder einfordern würden. Wenn so das Angenehme mit etwas verknüpft wird, was dem Hund unbekannt war – ideal! Weiterhin zählt das **spielerische »Gib mal Pfote**« zu den Aktivitäten, die wir immer miteinander durchführen können sollten – und an die sich Nützliches anschließen lässt: Wir können die Übung verlängern mit »Lass deine Pfote angucken zwischen dem Ballen, zwischen den Zehen. Gucken wir mal, wie die Krallen sind, hast du ein Fremdkörper dazwischen oder nicht?« Das Pfotegeben sollte vorne ebenso wie hinten möglich sein. Üben Sie also, dass Ihr Hund sich auch die Pfote bewegen lässt, dass er hier gewohnt ist, dass man ihn anfassen, massieren kann. Das ist sicher auch der Punkt, wo man dann, wenn man jetzt nicht den Hund vom Züchter als Welpen bekommen hat, mit einem »Secondhand-Hund« oder einem Hund aus dem Auslandstierschutz sicherlich am meisten üben werden muss – erst einmal diese Berührungen angstfrei hinzubekommen.

Das **Ausstreichen der Lymphknoten am ganzen Körper** können wir genauso gerne einsetzen, um unseren Hunden etwas Gutes zu tun und sie anzufassen an Stellen, die sonst weniger im Fokus sind. Das fängt am Kopf an, unter den Kiefern, dann gehen wir den Körper entlang, an den Vorderbeinen zu den Gelenken, weiter nach hinten, zum Kniegelenk und zum Innenschenkel. Auch an der Hinterseite der Läufe, abwärts, an den Schenkeln außen, können wir das Lymphgewebe sanft massieren. Die meisten Hunde mögen das.

Auch **das Fiebermessen beim Hund kann man lernen**. Idealerweise nutzen sie ein Gleitgel, oder ein Fett, es kann auch Öl sein, damit sich das Thermometer leichter einführen lässt. Wichtig beim Messen ist übrigens, dass man nicht einfach das Thermometer in den After steckt und misst, sondern dass es rund 45 Grad gekippt wird. Das ermöglicht uns, tatsächlich die Körpertemperatur zu messen anstelle von Luft. Das kann gut ein Grad Unterschied ergeben, und ob das Tier 39 oder 40 Grad hat, ist schon erheblich.

Alle solche Sachen müssen geübt werden zuhause, ohne dass man denkt: »Oh, jetzt machen wir was Besonderes«, sondern ganz so, als wäre es etwas ganz Normales, das gehört zum Alltag. Für den Hund ist es letztendlich egal, ob er untersucht oder gestreichelt wird.

Beim Hund aus zweiter (oder auch dritter, vierter) Hand oder Tierschutzhund gilt es ganz oft erst eine stabile Beziehung aufzubauen, bevor man anfangen kann, alle möglichen Manipulationen durchzuführen. Das kann schon mal mehrere Monate dauern, bis eine gewisse Bindung zur Person da ist. Oft ist es sinnvoll, sich dazu auch ein wenig Hilfe von außen durch einen erfahrenen Trainer zu holen. Ist die Grundlage solide, kann man anfangen, etwas zu machen. Aber bevor man da ist, wie viele Untersuchungen hatte der Hund schon, was musste nicht alles schon gemacht, untersucht werden: Blutentnahme, Impfungen, Untersuchungen auf Leishmaniose etc. – das ist natürlich unumgänglich, aber eben oft stressbehaftet für den Hund und eine Herausforderung für alle weiteren Beteiligten. Und wenn etwas in den Hunden drinsteckt, aus ihrer jahrelangen Erfahrung, dann kann es trotz allem Annähern nötig sein, dass sie **einen Maulkorb tragen**.

Das bietet alle Beteiligten, die am Tier arbeiten, eine gewisse Sicherheit. Ob das dann gut für die Beziehung zu seinem Menschen sein wird, ist fraglich. Man hatte gerade eine gewisse Basis des Vertrauens geschaffen und dann kommt der Maulkorb ... Aber betrachten Sie das nicht aus Ihrem Sichtwinkel als Mensch, sondern versetzen Sie sich in die Lage des Hundes. Es ist wichtig, das **Maulkorbtraining** nicht nur durchzuführen, um ihn in einer kritischen Situation, in welcher der Hund manipuliert wird, zu nutzen – sondern ihn auch ohne das zu nutzen, um den Hund zu gewöhnen. Es ist immer gut, wenn der Vierbeiner dieses Hilfsmittel stressfrei tragen kann. Und oft wird ein Maulkorb auch gefordert, beispielsweise in den öffentlichen Transportmitteln mancher Länder. Wir sollten erreichen, dass **der Hund den Maulkorb nicht in Verbindung mit dem Tierarzt bringt**. Denn wenn man beispielsweise etwas mit dem Hund macht, das ihm wenig gut gefällt, und das immer in einem bestimmten Kontext, lernt das Tier spezifisch, dass immer dieses negative Erlebnis mit dem Maulkorb verbunden ist, also etwa mit dem Tierarzt.

Es ist wünschenswert, dass die begleitenden Menschen, wenn Sie zum Tierarzt kommen, mithelfen und grundsätzlich gut Bescheid wissen. Dann hätten sie auch selbst weniger Angst. Es geht darum, sich mehr damit auseinanderzusetzen, wie der eigene Hund drauf ist, was er kann und mag, wie er tickt – und natürlich auch wieso er wie reagiert oder sich verhält. Toll wäre, wenn jeder Hundebesitzer eine Sackkundeprüfung ablegt, also etwas gelernt hat über hündisches Verhalten und über die Biologie. Und egal, wann und wo Sie zu einem Hundetrainer gehen, ist es nur von Vorteil, sich dessen bewusst zu sein, was mit Übung und Training erreicht werden kann und wo eventuell Grenzen sind und auf ordentliches Management zu setzen ist.

Wenn der Hund z. B. schon aus der prägungsähnlichen Phase raus ist, ist er natürlich weiter lernfähig, aber es ist nicht dasselbe. Mit 10, 12, 14 Wochen geht alles im Spiel, später braucht es viel mehr Üben und Wiederholung, bis etwas wirklich aufgenommen ist und verankert werden kann. Und wenn der Hund Schmerzen hat, und wir packen ihn falsch an, dann sind wir selbst schuld, wenn er doch auf den Reiz reagiert und schnappt – da können wir noch so viel üben.

Bei Behandlungen ist es gut, wenn die Halter mitmachen und aktiv dabei sind, das ist für den Hund eine Message, ein wichtiger Input: »Was wir tun, ist gut, wir machen es zusammen«. Wenn er da ist, gibt er ein bisschen Vertrauen, zeigt, wir stehen das zusammen durch.

Doch vor allem steht: Es muss die Bindung da sein. Dann klappt es auch mit Anfassen, Temperaturmessen & Co.

Selbstverständlich kann es passieren, dass Sie noch während Sie Ihre Beziehung aufbauen und festigen, unerwartet in die Tierarztpraxis müssen. Hatten Sie wirklich noch keine Gelegenheit, die Tierarztpraxis, die Behandlungsräume, die Helferinnen und Helfer, Tierärztinnen und Tierärzte oder auch Ihren Tierphysiotherapeuten oder die -therapeutin vorab ungezwungen kennenzulernen, dann halten Sie es mit Douglas Adams und sagen sich erst einmal: »Keine Panik!« Solange wir wissen, dass unserem Hund nichts passieren wird, was unsere Beziehung nachhaltig zerstören kann, sollten wir das Ganze **gelassener angehen**. Natürlich können wir nicht das Kennenlernprogramm in einem Aufwasch mit dem Behandlungstermin absolvieren. Doch TFAs und Tierärztin oder -arzt werden ihr Möglichstes tun, uns und den

Hund freundlich, ruhig und so einfühlsam wie möglich zu empfangen. Selbst wenn dies Ihren Hund in dem Moment deutlich stresst: Es hilft nichts und Sie müssen beide da durch. Bleiben Sie an der Seite Ihres Tieres und lassen Sie sich nicht von dessen Stimmung anstecken oder verstärken seine Unsicherheit. Egal, was getan werden muss: Sie wissen, dass es für den Hund das Beste ist und genau das können Sie ihm vermitteln. Wie wir es schon aus den ersten Tagen mit einem neuen Hund kennen, werden Sie sich daran erinnern, leise, zuversichtlich und beruhigend mit ihm zu reden. Wenn es Ihnen hilft, erklären Sie Ihrem Hund doch einfach, was gerade gemacht wird und warum es gut für ihn ist. Selbstverständlich wird er Ihre Worte nicht verstehen – aber das, was Sie damit vermitteln, spürt er: **Sie wissen Bescheid, Sie passen auf ihn auf und beschützen ihn**. Selbst wenn er Schmerzen haben sollte, können Sie ihm beistehen und so ihm und den behandelnden Tierärzten und TFA helfen.

Falls das Risiko, dass der Hund schnappt, zu groß sein sollte oder Sie nicht wissen, wie er reagiert, weil Sie das erste Mal beim Tierarzt sind, werden TFA und Tierärzte Ihnen mit ihrer Erfahrung zur Seite stehen. Scheuen Sie nicht davor zu fragen, was diese raten würden – ob ein Behandlungsversuch ohne besondere Sicherheitsmaßnahmen wie Maulschlinge oder Maulkorb möglich sind und eventuell kurzfristig dann eben doch eingesetzt werden können. In einer Extremsituation ist auch ein allererstes Mal Maulkorb besser als zerbissene Hände und mehr. Oftmals können die Tierärzte Ihren Hund gut einschätzen – und es kommt deutlich seltener zu einer solchen Situation, als wir vielleicht denken. Wenn es doch dazu kommt, sollten Sie genügend Zeit danach verstreichen lassen, bevor Sie mit dem Maulkorbtraining einfach ganz neu beginnen. Alles, was Sie hierzu wissen müssen, finden Sie in Kapitel 5.

Nach diesem kleinen Notfallausflug kommen wir zurück zum Thema: positive Erlebnisse in der Tierklinik aufbauen. Haben wir die räumliche Situation unserem Hund gezeigt und ihn mit den Menschen, Gerüchen und Geräuschen dort bekannt gemacht, fehlen uns noch die praktischen **Übungen zur Routineuntersuchung**. Auch diese können wir in unseren Alltag integrieren und vorab üben – sodass sie nicht erst- und einmalig der Tierarztpraxis vorbehalten sind.

So, wie bei uns ab einem gewissen Alter das Blutdruck messen und Puls fühlen zum Hausarztbesuch dazugehören, sind das beim Tierarzt das Wiegen und bei heranwachsenden Hunden das Messen der Schulterhöhe. Hinzu kommen Checks, die im Allgemeinen zum Standard gehören, wenn wir nicht mit einer ganz speziellen Fragestellung in die Praxis kommen. Egal, ob wir zum Impfen, wegen Durchfall oder anderer Erkrankungen oder der Behandlung von kleineren Verletzungen beim Tierarzt sind, eine kurze Begutachtung von Augen, Ohren, Zähnen und Herz stehen gefühlt immer auf dem Programm.

Dabei kommt es zu sehr **vielen Berührungen**, die wir unseren Tieren bereits vorab vertraut gemacht haben können. Gerade Dinge wie die Pfotenkontrolle, der Blick ins Ohr oder Maul und auch die Berührungen sensiblerer Bereiche lassen sich im Alltag gut durchführen, ohne besondere Aufmerksamkeit darauf zu lenken. Ohne dem entsprechenden Kapitel 6 vorwegzugreifen, sei hier der nützliche Einsatz von Handtüchern erwähnt: Sie sind selbstverständlich hilfreich, um unsere Hunde abzutrocknen. Darüber hinaus können wir so aber auch sehr leicht Berührungen von Bauch, Beinen, Schenkelinnenseiten, Kopf und Ohren üben, ohne gleich die Hand einzusetzen.

Auch unsere Targets, die wir bereits in Kapitel 2 kennengelernt haben, haben hier ihren großen Einsatz: Besonders als Ablenkung beim Impfen, bei dem in der Regel nur der kurze Moment des Einstichs unseren Hund irritiert, ist das Hand-Target nützlich. Für eine eingehendere Kontrolle am Körper können wir mit dem Kinn-Target arbeiten und so unserem Hund eine Ruheposition verschaffen. Muss das Tier liegen, greifen wir auf eine weitere Übung aus dem Tricktraining zurück – mehr dazu im Kapitel 5 –, bei der es um das Entspannen auf Signal und das ruhig Liegen ankommt.

Tipp: Selbst, wenn wir hervorragend vorbereitet sind und mit unserem Hund alle Untersuchungen aus dem Effeff können – wir sollten immer daran denken, dass jeder Tag ein bisschen anders ist und sowohl wir als auch unser Hund unterschiedlicher Stimmung sein können. Was in jeden Fall ganz unabhängig davon, wie der Termin abläuft, dazugehört: Wir sind nie ärgerlich mit unserem Hund. Und: Er bekommt IMMER eine tolle Belohnung, alleine dafür, dass wir mit ihm zum Tierarzt oder zur Tierärztin gehen konnten! Denken Sie daran bei allen Besuchen in einer Tierklinik oder tierärztlichen Praxis! Und noch besser: Wenn Sie einfach nur Medikamente oder anderes dort abholen wollen: Nehmen Sie Ihren Hund mit, einfach nur zum Hingehen, ohne dass etwas passiert (also, ich hoffe schon, dass er freundlich empfangen und vielleicht gestreichelt wird oder ein kleines Leckerli bekommt, schließlich geht auch Freundschaft oft durch den Magen ...).

Für die **Besuche bei Tierphysiotherapeutin oder Hundefrisör** gilt übrigens dasselbe wie für den Termin beim Arzt: Einfach mal »Hallo« sagen und kennenlernen fördern die Freundschaft. Auch hier meistern Sie mit Ihrem Hund diese erste und alle weiteren Begegnungen am besten, wenn Sie selbst entspannt sind und frei von Zeitdruck. Betrachten Sie die Termine von der schönen Seite: Alles, was dort passiert, dient dem Wohl Ihres Hundes!

»Vertrauen gewinnt man nicht, man baut es auf.«

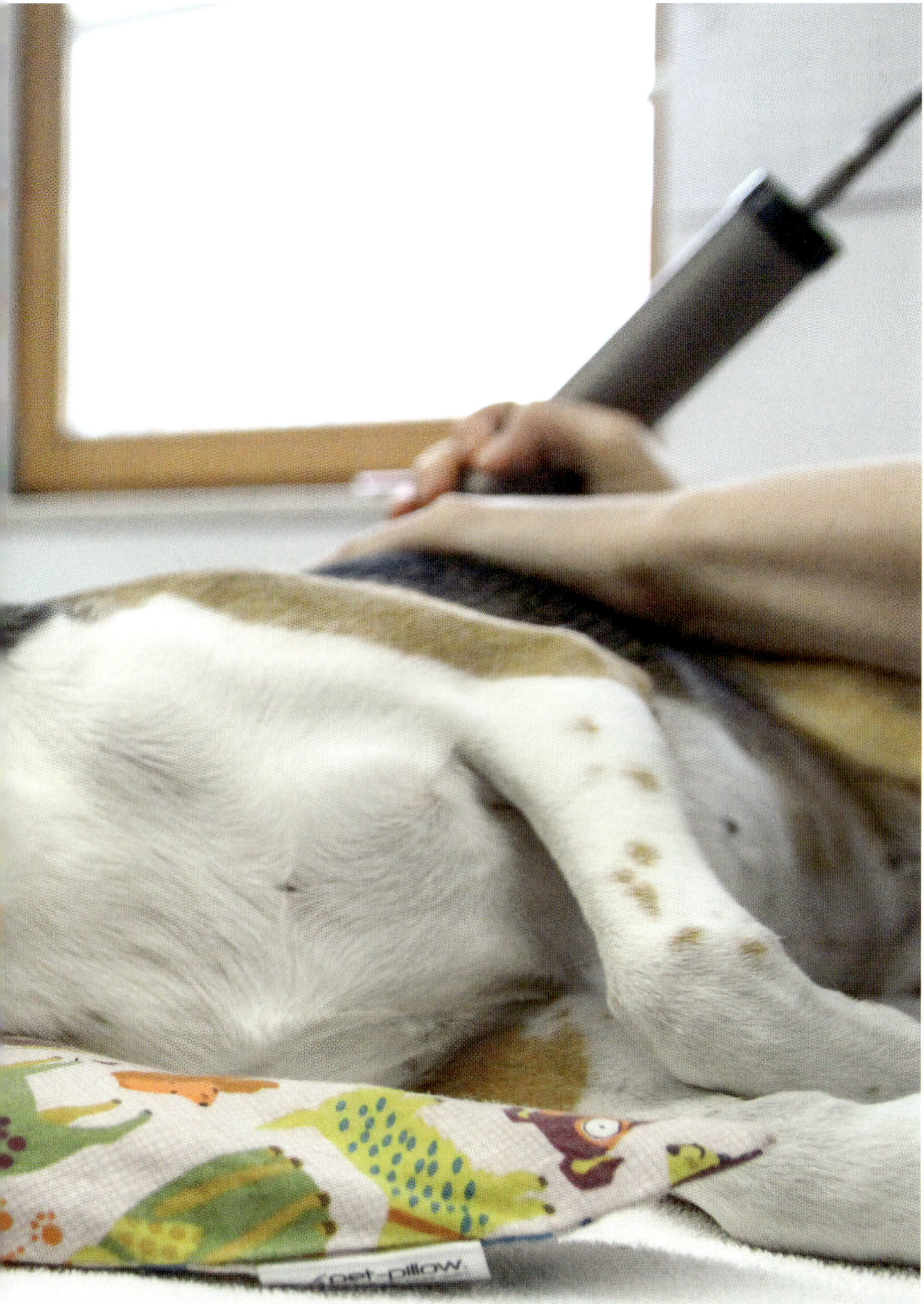
pet-pillow

Kapitel

4

MACH MICH FIT! BERÜHREN, ZEIGEN, PFLEGEN

Langsam tasten wir uns an die berührungsintensiveren Übungen heran, mit denen wir uns und die Hunde optimal vorbereiten können für allerlei Behandlungen. Alles, was wir für Routineuntersuchungen bei der Tierärztin und in der Tierklinik brauchen können, bringen wir unserem Hund am besten in Ruhe zuhause bei. Einiges davon gehört zu unserem Alltag und begleitet uns von den ersten Stunden an, in denen ein Hund einzieht. Gestalten Sie es kurzweilig und – auch das ist wichtig – gehen Sie als Team mit einem positiven Gefühl aus den Übungen heraus. Wir wollen den Hund vorbereiten. Dazu gehört, dass wir ihn weder erschrecken noch überraschen mit ihm unbekannten Handlungen. Ziel ist es, gemeinsam gut vorbereitet zu sein, wenn es »ernst« wird. Schließlich zahlt das Training auch auf unser Vertrauenskonto ein. Es wäre also kontraproduktiv, wenn wir den Hund etwa damit überrumpeln, dass wir beim Streicheln plötzlich eine Schermaschine halten und loslegen.

Schritt für Schritt werden beim Medical Training, wie bei anderen Trainings für Signale auch, Übungen aufgebaut und erweitert. Über ein langsames Herantasten an schwierigere, vielleicht auch für den Hund unangenehmere Bereiche und Untersuchungen, bauen Sie jedes Ziel auf. Natürlich können Sie einzelne Übungen phasenweise miteinander abwechseln oder kombinieren – je nachdem, wie fit Sie und Ihr Hund sind und wie gut Ihr Team funktioniert. Klappt etwas an einem Tag weniger gut, beenden Sie die Übung und gehen beim nächsten Mal einen Schritt zurück und fangen mit etwas Einfacherem an.

TIPP: Wenn die Situation sich ändert und in Stress zu kippen droht, brechen Sie die Übung bewusst und deutlich ab – bevor der Hund eine schlechte Erinnerung daran behält. Geben Sie dem Hund immer, wenn Sie ein Training mit ihm gemeistert haben, ein positives Gefühl mit – eine Belohnung für die gute Kooperation. Wenn Sie den Clicker bereits eingeführt haben, kann er die Aufgabe übernehmen – aber auch lobende Worte oder eine Beschäftigung, ein Spiel, das Ihr Hund gerne mit Ihnen macht, sind geeignet.

Wie anfangs schon erwähnt, tun sich Welpen leichter mit dem Erlernen von Neuem. Doch auch ein Secondhand-Hund oder Hund aus dem Tierschutz lernt so einiges recht schnell: etwa, wenn wir zu Leine und Halsband oder Geschirr greifen ... Und schon haben wir eine erste Übungsmöglichkeit! Hund und Halter lernen, vor dem Spaziergang statt hyperaktiv und freudig aufgedreht kaum stillstehen zu können, zur Ruhe zu kommen. Wie jetzt, es soll doch rausgehen? Selbstverständlich. Doch wie viel einfacher ist es, einem Hund ein Geschirr oder das Halsband anzulegen, wenn er ruhig sitzt und wartet, bis wir soweit sind? Er weiß ja, es geht danach raus. Das heißt, der Hund hilft sich selbst, eine Belohnung, in diesem Fall das Hinausgehen, zu bekommen, indem er **zur Ruhe kommt**. Natürlich braucht das, wie auch bei den Target-Trainings, ein wenig Übung. Wir müssen ihm ja zunächst zeigen, worum es geht.

Diesmal wollen wir die aktive Entscheidung des Hundes, sich hinzusetzen, verstärken – und nicht einfach über das Signal »Sitz« die Handlung einfordern. Anders also als z. B. im Straßenverkehr, wo wir den Hund an einer Kreuzung auffordern, sich hinzusetzen, damit wir abwarten können, bis wir über die Straße gehen können. Hier geht es nicht um einen Sicherheitsaspekt; wir wollen das Sich-hinsetzen – oder später auch das Sich-selbst-hinlegen – als Instrument einführen, mit dem unseren Hund zur Ruhe kommen und entspannen kann.

Übung zum Ruhetraining

Was Sie dafür einplanen sollten:

- **Dauer:** abhängig vom Fortschritt des Hundes ab 2 bis 5 Minuten, anfangs auch mal länger
- **Häufigkeit:** Anfangs einmal täglich versuchen – wenn es gefestigt ist, kommt es von alleine
- **Materialien:** Leine und dem Hund passendes Halsband/Geschirr, Clicker oder Leckerlis bei Bedarf, ruhige Umgebung

1. Aktivität des Hundes

- **Aktionsaufforderung:** Wieder arbeiten wir mit positiver Verstärkung, indem wir, wenn wir die Leine in der Hand haben, warten, dass der Hund sich anschickt, sich hinzusetzen.
- **Fortschritte belohnen:** Dieser Versuch wird mit Lob oder Clicker und Belohnung honoriert. Achten Sie dabei darauf, mit ruhiger Stimme zu loben, eine freudig erregte Stimme sorgt eventuell dafür, dass der Hund wieder aufspringt und ist in dieser Situation kontraproduktiv.
- Sobald er sitzt, legen wir Halsband oder Geschirr an. Wenn das Geschirr nur im Stehen komplett geschlossen werden kann, versuchen wir zumindest, den ersten Teil beim Sitz anzulegen.
- Solange der Hund sitzend verharrt, machen wir weiter, bis alles fertig ist.
- **Reaktion auf den Abbruch:** Steht er zwischendurch auf (auch beim Geschirr-Anlegen), hören wir auf und warten auf das Angebot des Hundes, indem er sich wieder setzt.

2. Fortführen und festigen

- **Fortführen bis zum Ende:** Setzt er sich wieder, geht es weiter (außer, wir brauchen ihn stehend, dann allerdings wollen wir auch, dass er ruhig an einem Platz steht und nicht herumwuselt). Hier haben ältere Hunde oft einen Vorteil, denn einem Welpen kann es nicht schnell genug gehen und er hält seine Freude weniger gut in Schach. Trotzdem können und sollten wir es mit ihm auf sanfte Weise auch üben und einfordern.
- **Generalisieren:** Wir generalisieren dies, indem wir es statt mit Spielzeug ähnlich aufbauen. Das bedeutet: Wir nehmen das Spielzeug, das der Hund gerne haben/holen will und warten, dass er sich hinsetzt. Wieder folgen Lob und Bestätigung, dass das von ihm angebotene Verhalten richtig ist. Als Belohnung erhält er sein Spielzeug und wir spielen ruhig mit ihm.

Hat der Hund das einmal verstanden, bauen wir es immer wieder in unseren Alltag ein. Damit wir dieses Verhalten auch beim Tierarzt oder im Hundesalon nutzen können, darf es nicht nur mit dem Aufbruch zum Spaziergang verknüpft werden. Wir wollen letztlich unserem Hund beibringen, sich zu entspannen und ruhig etwas abwarten zu können, ohne nervös zu werden.

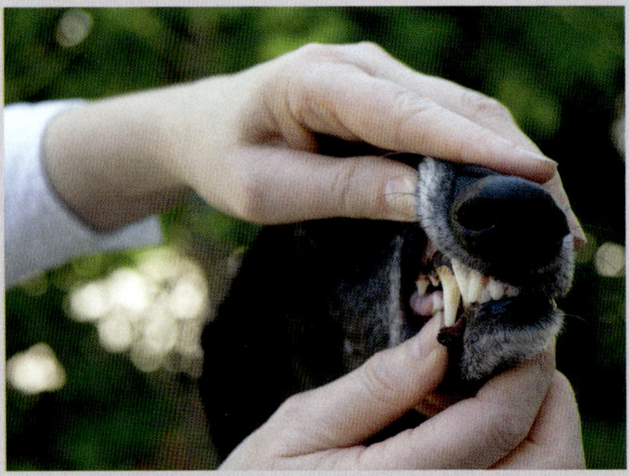

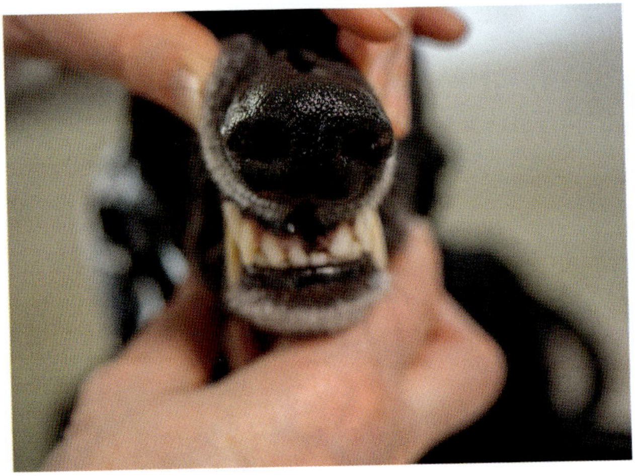

Schnell und wenig aufwändig ist der Durchblutungstest im alltäglichen Programm unterzubringen. Er ist unser Schnauzenöffner für die Zahnpflege und zugleich ein kleiner Gesundheitscheck.

Das ist zum einen im Wartezimmer hilfreich, wenn er entspannt vor sich hindösen kann, zum anderen bietet es sich als Ausgangsposition an, wenn wir einen kurzen Zahncheck machen wollen. Damit haben wir schon die dritte Übung, die wir mit Sitzen verknüpfen können.

Übungen zum Zähne zeigen

Zahnprobleme zeigen unsere Hunde uns leider viel zu selten direkt an – denn wenn ein Zahn schmerzt, fehlt ihnen schließlich die Möglichkeit, es uns einfach zu sagen. Wir kommen manchmal erst viel zu spät auf eine Zahnerkrankung, etwa wenn der Hund Kaustangen oder ähnliches links liegen lässt. Darum ist nicht nur das Zähneputzen wichtig, sondern auch die regelmäßige Zahnkontrolle. Für die erste Übung mit Maul-Berührung konzentrieren wir uns zunächst auf einen einfachen Test, den wir auch im Notfall bei jedem Hund ausführen

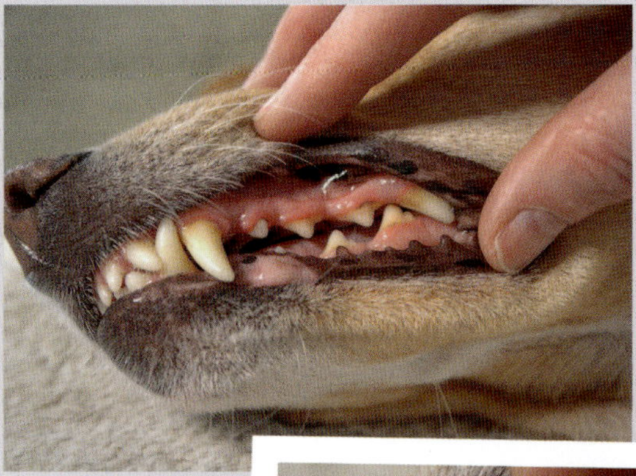

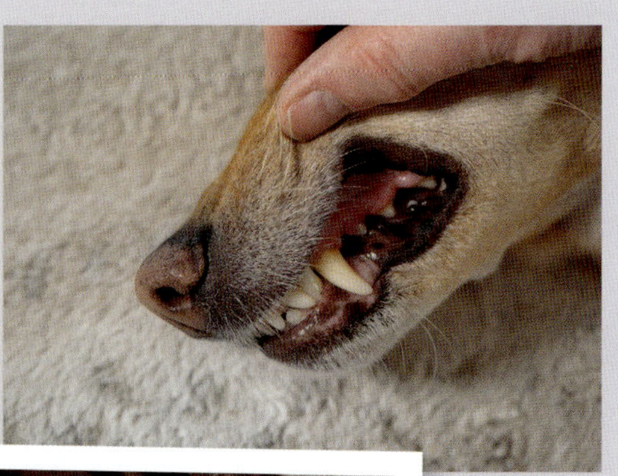

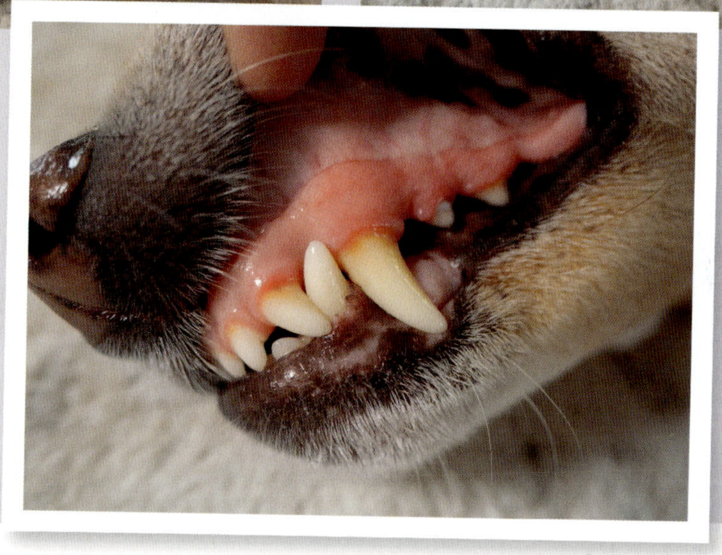

können sollten: den **Zahnfleischtest.** Er ist hilfreich für die Kontrolle auf Schockzustand oder Durchblutungsprobleme.

Durchblutungstest

- **Grundposition:** Idealerweise setzen Sie sich dazu neben den Hund, sodass Sie Seite an Seite sind. Sie sollen das Zahnfleisch nachher gut sehen können.
- **Signalwort einführen:** Sie können Ihrem Hund durch ein Signalwort (»Zähne«) sagen, dass sie nun an seinem Maul etwas machen werden. Hier wird nichts aktiv vom ihm gefordert, darum benennen Sie es einfach nur in dem Moment, in dem Sie nun mit einer Hand auf Höhe der Eckzähne die Lefzen nach oben schieben. Sie sollten den Kiefer und das Zahnfleisch sehen.
- **Aktion:** Halten Sie dies kurze Zeit (Zählen Sie 21, 22 ...).

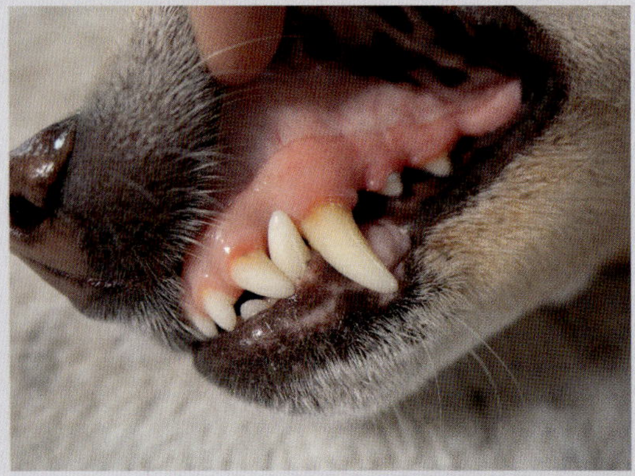

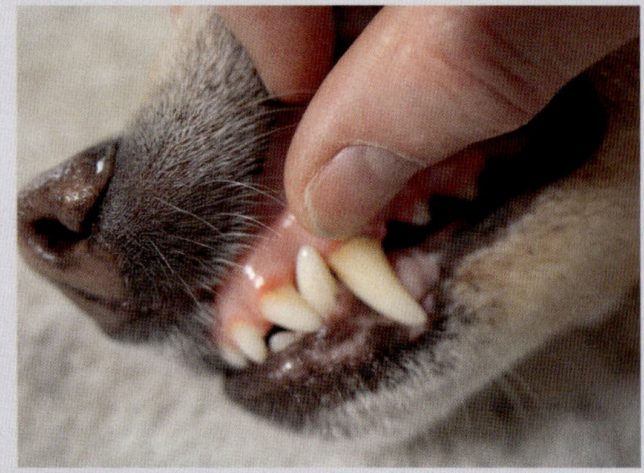

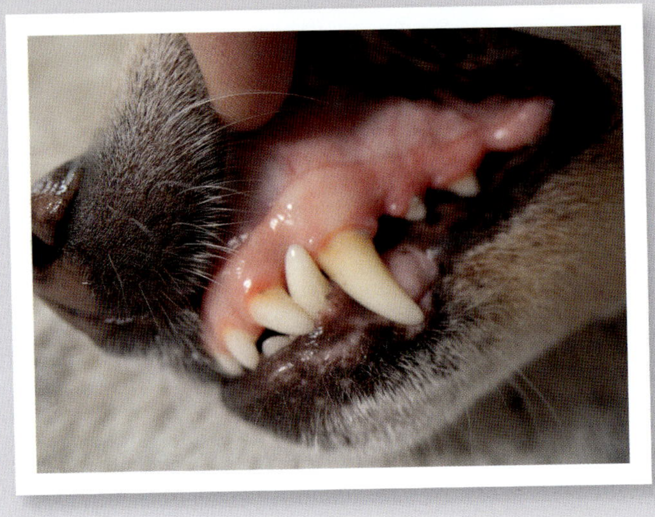

Ob die Durchblutung in Ordnung ist, haben wir in 3 Sekunden getestet: Lefze etwas hochschieben, Zahnfleisch über dem Eckzahn kurz fest drücken, loslassen und beobachten, dass sich die weißliche Haut innerhalb 1 bis maximal 2 Sekunden wieder rosa färbt.

- **Fortführen der Aktion:** Funktioniert das, machen Sie im nächsten Schritt den Drucktest: Halten Sie die Lefze oben und drücken kurz mit dem Zeigefinger der anderen Hand das Zahnfleisch oberhalb des Eckzahns fester. Lassen Sie gleich wieder los und nehmen die Hand weit genug weg, dass Sie das Zahnfleisch sehen. Das hellrosa bis gelblichweiße Gewebe soll sich in Windeseile wieder rosarot färben – dann sind der Flüssigkeitshaushalt und die Durchblutung in Ordnung.
- **Belohnen:** Natürlich loben Sie Ihren Hund, in diesem Fall mit Worten, wenn Sie die Aktion durchführen oder streicheln ihn – womit Sie ihm auch das Ende des Checks signalisieren.

Das Ganze nimmt weniger als 1 Minute in Anspruch, eine sofortige Wiederholung braucht es nicht. Besser ist es, wenn Sie es gelegentlich einbauen und auffrischen, sodass der Hund es nicht ganz vergisst.

Die zweite Stufe greift schon ein wenig mehr in die Privatsphäre unseres Hundes ein, denn wenn wir die Zähne richtig ansehen wollen, müssen wir mehr machen können, als nur mal eben die Lefzen hochschieben. Die nachfolgende Übung ist fürs richtige Zähneputzen (und den Rundum-Zahncheck) wichtig.

Beim **Schnauze-offen-halten** sind die Handgriffe dieselben, die wir auch einsetzen, wenn wir im Erste-Hilfe-Fall Fremdkörper im Maul vermuten und diese entfernt werden sollten. Wir klemmen lediglich für letzteres noch die Lefzen des Hundes zwischen unsere Fingerkuppen und die Zähne – das hemmt den Beißreflex stärker.

Beim Offenhalten des Mauls fürs Zähneputzen geht es uns darum, dieses für beide Seiten möglichst entspannt hinzubekommen. Und natürlich können einzelne Partien auch ohne Aufhalten des Mauls geputzt werden.

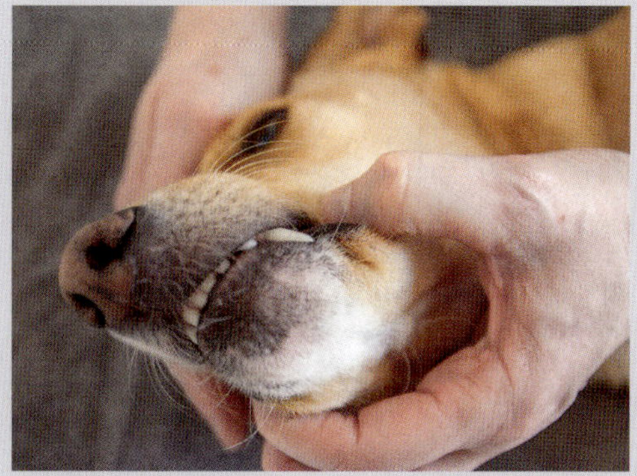

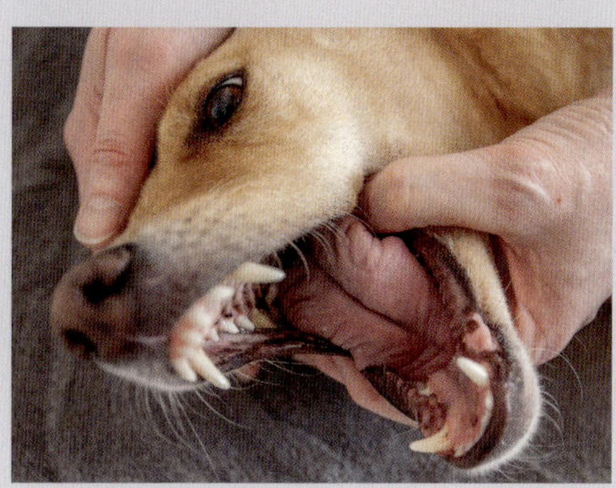

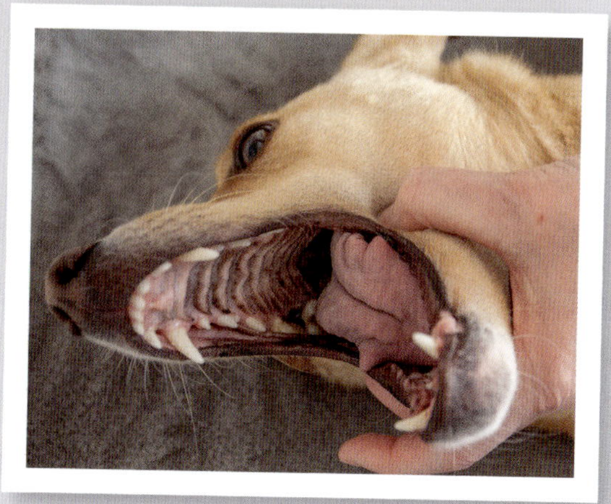

Kein Hund mag es, manchmal geht es allerdings nicht anders: Wenn Sie die Zähne am hinteren Ende auch innen gut putzen wollen, müssen Sie den Hund am Auf-die-Zahnbürste-beißen hindern. Mit der Methode, ein wenig seiner Lefzen zwischen die Zähne zu bringen, hindern Sie ihn daran, seine Kiefer gleich wieder enger zu machen.

Schnauze offen halten

- **Grundposition:** Umgreifen Sie den Unterkiefer auf Höhe der Backenzähne von unten mit einer Hand.
- **Signalwort einführen:** Arbeiten Sie dabei wieder mit dem Signalwort »Zähne«, da Sie diese ja sehen oder sogar putzen wollen und ihrem Hund nur mitteilen, dass Sie jetzt etwas an ihm machen.

- **Aktion:** Legen Sie die vorderen Fingerglieder etwas in den Spalt, den Sie dadurch aufdrücken. Lassen Sie es mit ein paar Sekunden genug sein und legen eine Pause ein.
- **Festigen der Aktion:** Beim nächsten Versuch darf es etwas intensiver sein und das Maul deutlicher geöffnet werden. Auch hier sollten Sie die Zeitspanne erst nach und nach (von Mal zu Mal) steigern, in der Sie die Position so halten.

Wenn der Hund im Ernstfall etwas länger das Maul aufgehalten bekommen muss, schaffen Sie das dann sicher – im Medical Training geht es letztlich darum, ihm solche Situationen vertraut zu machen, nicht, sie bis ins letzte Detail exakt so zu trainieren, wie es sein könnte.

Exkurs: Zähne putzen

Schon sind wir mitten drin in der Hygiene und Körperpflege, für die wir immer über die Kooperation des Hundes dankbar sind. Nun können wir das beim Zähneputzen nur begrenzt einfordern, denn welcher Hund versteht schon den Sinn und Zweck, sich mit einer Bürste im Maul herumfuhrwerken zu lassen. Dennoch haben wir eine Chance, dass er mitarbeitet und uns gewähren lässt. Ein Mittel zum Zweck ist beispielsweise spezielle Hundezahnpasta, die – zumindest für unsere Hunde – einen attraktiven Geschmack hat. Sie kann helfen, es zumindest geschmacklich attraktiver zu machen. Das Bürsten an sich hat für das Tier eher weniger eine Befriedigung oder positive Wirkung. Trotzdem wird er es, haben wir vorher schon mit den beiden anderen Übungen das Signalwort »Zähne« aufgebaut, leichter damit tun, uns gewähren zu lassen. Haben Sie also das Schnauze aufhalten schon ausgiebig geübt, können Sie das mit dem Zähneputzen verbinden. Seien Sie dabei nicht zu ehrgeizig und wollen gleich alles erreichen bzw. alle Zähne auf einmal putzen – immer wieder ein bisschen ist auch schon gut!

Anleitung zum richtigen Zähneputzen

Aktuellen Expertenschätzungen zufolge sind mehr als 75 Prozent aller Hunde über 3 Jahren von Zahnproblemen betroffen. Dabei kann regelmäßiges – am besten tägliches – Zähneputzen schon viel dazu beitragen, möglichst lange einen guten Zustand der Beißerchen zu bewahren. So hindern wir nämlich Zahnbelag (Plaque) daran, sich zu nur schwer entfernbarem Zahnstein zu verhärten. Auf diesen können weitere Probleme Folgen, die das Zahnfleisch, den Kieferknochen und die Zahnwurzeln in Mitleidenschaft ziehen. Manche Hunde sind

Zum kleinen Kopf lieber auch eine kleine Zahnbürste – Hund und Mensch tun sich leichter damit und riskieren weniger, anzuecken. So wird es auch seltener schmerzhaft für den Hund.

prädisponiert für Probleme im Maul, etwa aufgrund sehr dicht zusammenstehender Zähne. Auch die genetische Veranlagung und Beschaffenheit der Zähne ist von Hund zu Hund etwas unterschiedlich.

Mit welchem **Hilfsmittel** Sie die Zähne putzen (z. B. einer Zahnbürste oder einem Fingerling), ist Geschmackssache, es sollte aber für Hunde konzipiert worden sein. Zahncremes für Menschen z. B. sind ungeeignet. In 5 Schritten gewöhnen wir unsere Hunde ans Zähneputzen. Wie immer gilt: Achten Sie auf eine entspannte Umgebung und Belohnung sollten vorhanden sein. Bevor Sie den Fang fürs Zähneputzen öffnen, lassen Sie Ihren Hund die Zahnpasta kennenlernen. Also heißt es: Finger mit Zahnpasta präparieren und abschlecken lassen. Im zweiten Schritt streichen Sie die Zahnpasta auf die Außenflächen der Zähne und des Zahnfleischs. Klappt das, gehen Sie ans Öffnen des Kiefers. Offen halten Sie diesen mit einem quergelegten Finger an den Backenzähnen – denn die zweite Hand brauchen Sie später für die Bürste oder den Zahnputzfingerling.

Ist dies gefestigt, können wir mit der Zahnbürste ans Werk gehen. Bürsten Sie erst einmal die Fangzähne von »rot nach weiß«. Klappt das, geht es mit den weiter hinten liegenden Zähnen weiter. Zuletzt – dann, wenn bei einer Sitzung alle Zähne drankommen können – sind die empfindlichen Schneidezähne dran. Auch die passive Zahnpflege mithilfe von Produkten, die Zahnbeläge mechanisch abreiben, kann unterstützen, ist aber nicht das alleinige Mittel der Wahl.

Sind wir schon einmal am Kopf zugange, möchte ich Ihnen auch gleich 2 der 3 Sinnesorgane und »Trockenübungen« zur Vorbereitung auf Tierarztbesuche näherbringen. Sie können diese, im normalen Alltag, auch oberflächlich hintereinander weg untersuchen, schließlich sind Maul, **Augen und Ohren** dicht beieinander. Wenn Sie jedoch dem Hund bereits ausgiebig die Zähne geputzt haben, dankt er Ihnen sicherlich, wenn sie nicht gleich noch die Ohren »auf links drehen«.

Ohrenkontrolle

Trotzdem sollten wir die Gelegenheit nutzen, wenn wir unseren Hund beispielsweise gerade über den Kopf streicheln, einfach nebenbei die Ohren kurz anzuschauen. Sind wir unterwegs, bleibt es bei der reinen Sichtkontrolle, zuhause können wir schon auch einmal liebevoll mit einem sauberen Mull- oder Fliestuch das Innenohr auswischen.

Üben sollten Sie das Ohrenanfassen und eventuell »Umklappen« allemal, denn beim Tierarzt werden die Lauscher im Normalfall mit dem uns auch aus der HNO-Praxis bekannten Otoskop angeschaut. Bei dieser Routineuntersuchung bleibt der Tierarzt damit meist auf Abstand, sodass es nicht wirklich das Innenohr berührt. Allerdings ist es häufiger der Fall, dass wir das Ohr festhalten oder – bei Schlappohren – hochhalten oder eben umklappen müssen.

Natürlich machen wir alle diese Übungen nur mit einem ausgeruhten und nicht völlig aufgeregten Hund – und, weil wir höflich sind, geben wir ihm **beim Berühren ein Signalwort**, das am besten zum jeweiligen Körperteil passt. Mit einem »Ohren« können wir ihm ankündigen, dass wir jetzt etwas mit ihm machen – für uns ist damit auch klar, wo. Unser Hund wird, wenn er das ein paarmal erlebt hat, auch eine Vorstellung davon haben, was passiert: Wir berühren ihn und vielleicht bewegen wir das eine oder andere, das war's aber auch schon. **Belohnen** können wir ihn hierfür durch **ausgiebiges, freudiges Loben** – der Clicker ist einfach zu nah an seinem Ohr, wenn wir den Kopf halten oder mit beiden Händen an einem Ohr sind. Zudem ist

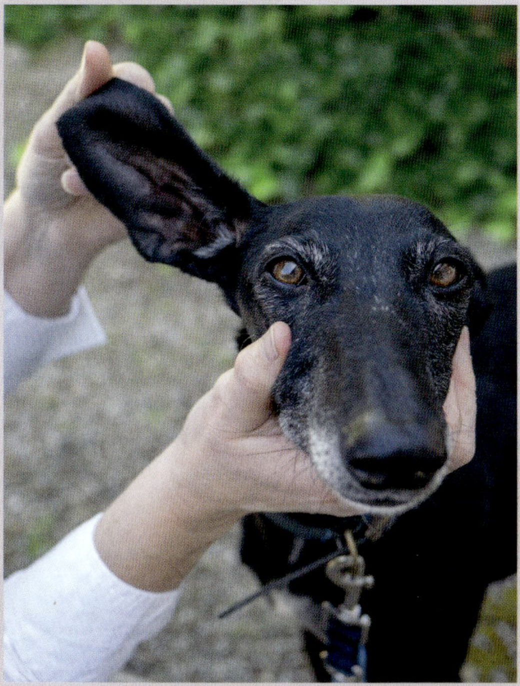

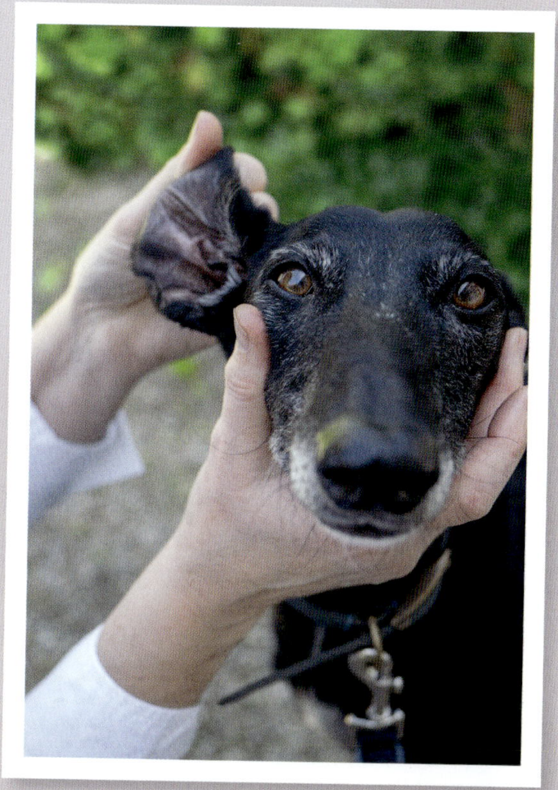

Die meisten Hunde legen ihre Ohren an, wenn man sie einfach so berühren oder halten will. Bei Schlappohren müssen wir sie für einen Blick hinein anheben.

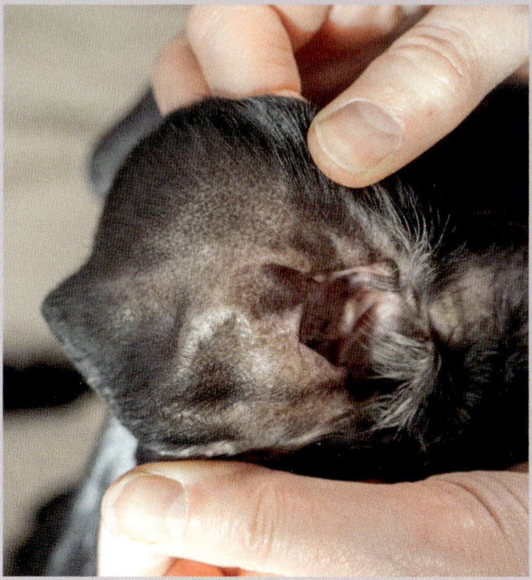

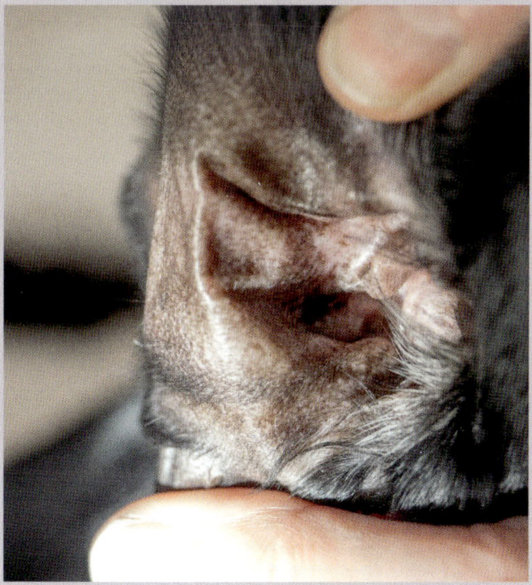

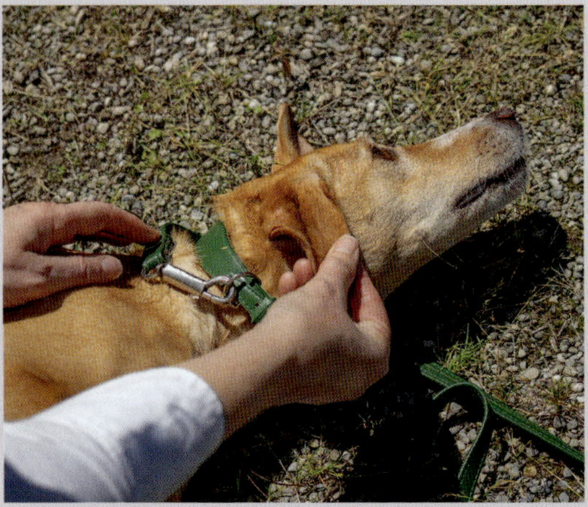

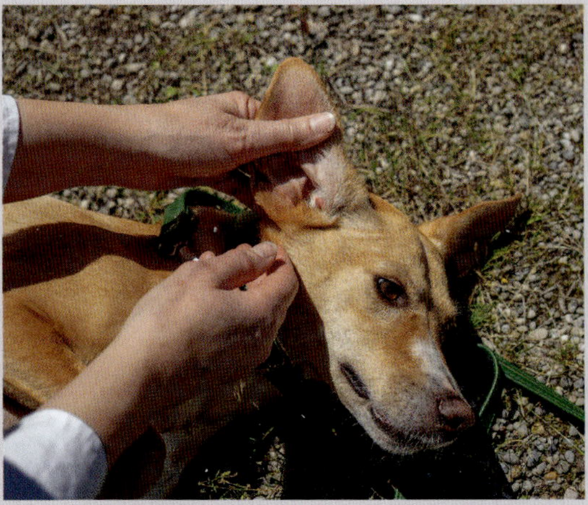

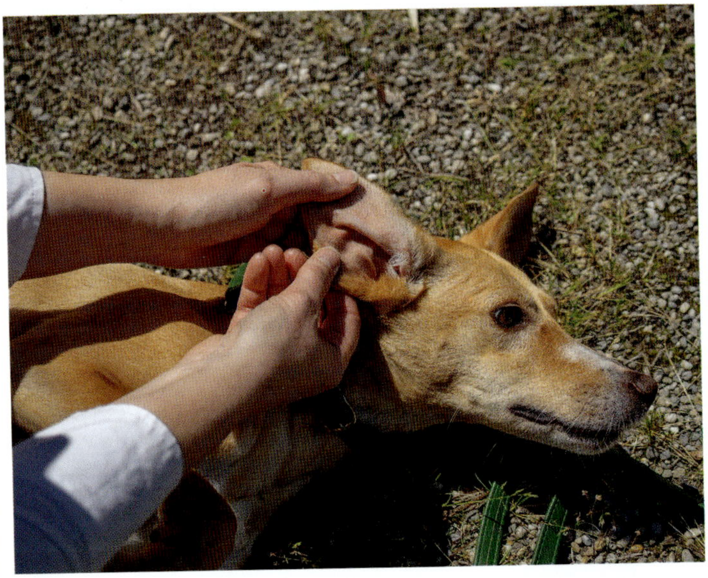

Auch bei Stehohren kann es helfen, wenn wir sie ein wenig umklappen.

die ganze Aktion, solange wir nicht wirklich das Ohr gründlicher auswischen müssen, so kurz, dass es quasi in der nächsten Sekunde schon wieder vergessen ist. Wenn wir einen streichelfreudigen Hund haben, lassen wir die Ohrenkontrolle einfach **in ein Streicheln übergehen** und haben beides: Lob und Befriedigung für den Hund.

Manche Hunde sind auch an den Ohren bei Berührung empfindlich. Gerade bei Stehohren merken wir das, wenn sie erst einmal wegzucken. Dann hilft uns unser eingeführtes Signalwort ebenfalls, damit der Hund uns geduldig unsere Arbeit tun lässt und nicht weggehen muss.

Augenkontrolle

Normalerweise schauen wir uns die Augen und vor allem die Liedränder nur an, wenn etwas im Argen liegt. Also dann, wenn die Region beispielsweise verschleimt ist oder tränt – oder der Hund etwas ins Auge bekommen hat. Darum ist ein frühes Üben, bevor etwas »am Auge stört«, hilfreich, um es für den Hund zu normalisieren. Unseren Hunden geht es genauso wie uns: Sie wollen die Augen als ein wichtiges Sinnesorgan schützen. Daher sollten wir nie direkt aufs Auge fassen oder mit den Händen direkt von vorne auf die Schnauze bzw. Augenpartie zielen. Besser ist es, seitlich zunächst mit sanfter Hand die Schnauze zu umfassen. Auch hier ist Voraussetzung, dass Ihr Hund Ihnen vertraut und Sie das Schnauze halten bereits auf dem

Mit wenig Aufwand, kurz mal eben die Augenpartie genauer betrachten: Das geht unterwegs genauso gut wie zuhause.

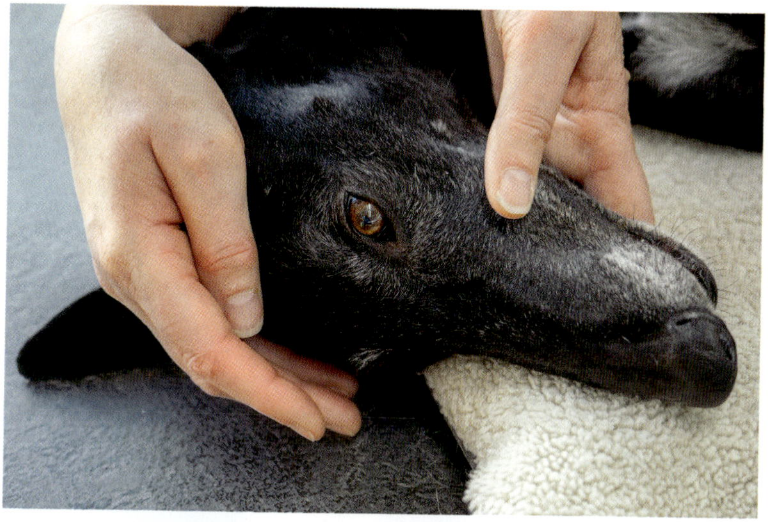

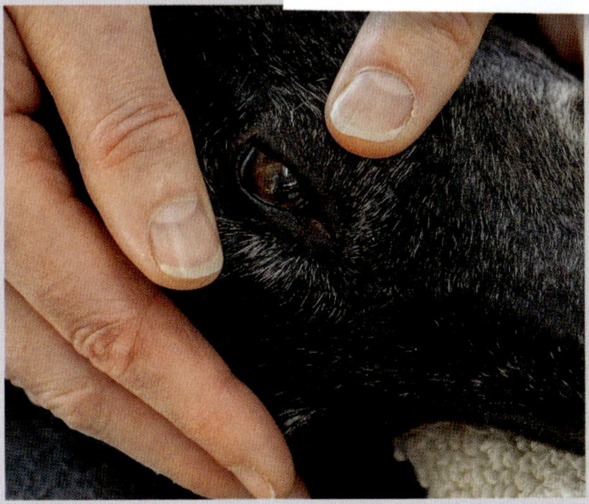

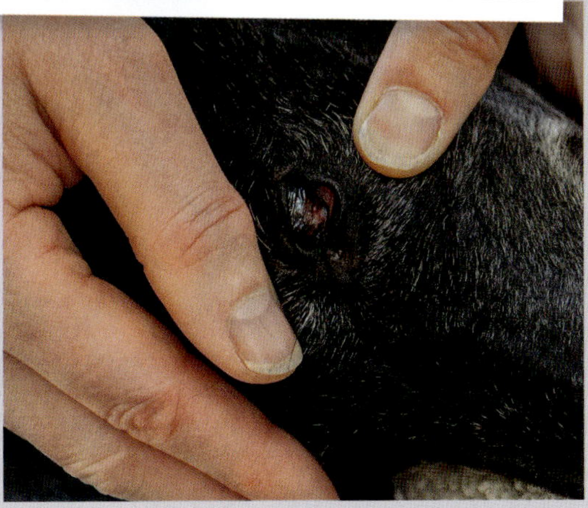

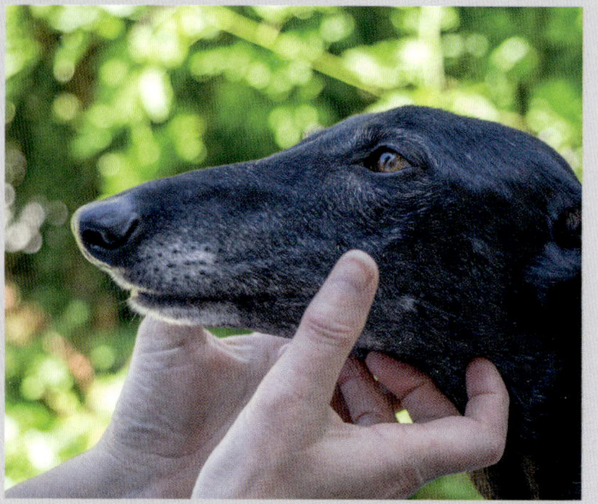

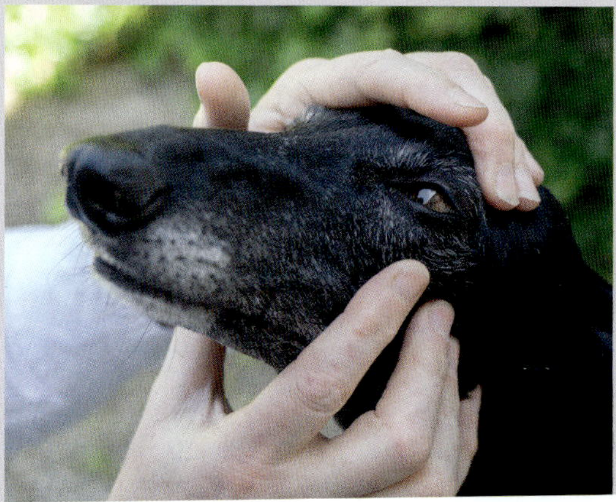

Wichtig ist, dass wir nicht mit zu viel Druck arbeiten, sodass der Hund das Umfassen seiner Schnauze und das Bewegen der Haut am Auge nicht als unangenehm empfindet.

»Spaßmach-Übungsplan« hatten. Sie finden die Anleitung im Kapitel 6, wo es um das alltägliche Anwenden und nebenbei Üben geht. Je normaler wir zuhause oder auch unterwegs damit umgehen, umso einfacher wird es später, wenn es gebraucht wird.

Augen zwischendurch kontrollieren

- **Grundposition:** Sie sollten seitlich neben den Hund stehen oder sitzen, sodass er sich nicht überrumpelt fühlt, wenn sie an seine Augenpartie gehen. Umgreifen Sie den Unterkiefer auf Höhe der Backenzähne von unten mit einer Hand. Alternativ können Sie auch die Schnauze von oben umfassen – das erleichtert nachher das Aufziehen der Augenlider, ist aber für den Hund etwas einengender.
- **Signalwort einführen:** Arbeiten Sie dabei wieder mit dem Signalwort »Auge«, um dem Hund mitzuteilen, dass Sie ihn jetzt an seinem Kopf berühren und etwas ansehen wollen.
- **Aktion:** Nehmen Sie die andere Hand und greifen oberhalb des Auges mit relativ flach aufliegendem Zeigefinger und unterhalb mit dem Daumen auf die Haut, sodass sie das Augenlid durch Schieben der Haut »weiten« (etwas vom Augapfel ablösen) können. Sie schauen dann quasi darunter und sehen mögliche Reizungen oder auch Fremdkörper. Wechseln Sie nach einem kurzen Check zum anderen Auge. Lassen Sie danach den Kopf los und loben bzw. streicheln Sie Ihren Hund großzügig dafür, dass er Sie hat gewähren lassen.
- **Festigen der Aktion:** Wiederholen Sie das unterwegs, beim Spaziergang, beim Warten am Straßenrand, nach dem Ein- oder Aussteigen aus dem Auto – variieren Sie einfach die Orte, sodass der Hund es nicht mit einer einzigen Situation abspeichert.

Auch hier handelt es sich um keine aufwändige oder langwierige Manipulation, sodass unsere Hunde das zwar vielleicht als lästig, aber als durchaus hinnehmbar ansehen und uns gewähren lassen, ohne dass wir das »Superbelohnungshäppchen« bräuchten.

Einstieg ins Abtasten: sensible Stellen

Bevor wir uns ans Abtasten des gesamten Körpers oder auch nur von Teilen wagen, brauchen wir die Sicherheit, **empfindliche Stellen berühren** zu dürfen. Dazu gehören natürlich zum einen schmerzempfindliche Bereiche. Zum anderen aber auch solche, die an sensibleren und weniger »frei« zugänglichen Körperstellen liegen. Auch unsere Hunde haben Stellen, die sie instinktiv schützen wollen. Wenn Sie jetzt sagen: »Mein Hund lässt sich von fast jedem streicheln! «, ist zwar viel gewonnen – aber längst nicht sicher, dass deswegen auch jeder dem Hund den Puls fühlen darf. Denn schließlich sind die beiden Areale, an denen wir den Puls am besten spüren, jeweils in geschützten Bereichen zu finden. Solche Stellen, an denen Hunde nicht einfach immer mal wieder gestreichelt werden, können bei ängstlicheren Zeitgenossen problematisch werden.

Eine solche Zone ist der Unterbauchbereich – hier schrecken ängstlichere Tiere schon einmal zurück. Natürlich gibt es auch viele, die sich bereitwillig am Bauch kraulen lassen, da sie sich ganz sicher fühlen und die Vertrauensbasis zwischen Mensch und Hund das ermöglicht. Wir wollen nun aber **unter die Achsel** bzw. in den **Schenkelinnenbereich** gelangen, um die folgende Übung durchführen zu können.

Puls fühlen

Bei der abendlichen Streicheleinheit darf es also schon einmal statt nur über den Rücken auch unter die Achsel gehen – oder eben beim Hinterlauf in den Schenkelbereich – und schon haben Sie den ersten Schritt ganz unverfänglich gemeistert. Beim nächsten Mal verharren Ihre Finger etwas länger dort – und fühlen schon einmal, ob Sie den Puls dort nehmen können. Das bauen Sie von Mal zu Mal so aus, dass Sie den Druck auf die Stelle, an der Sie den Pulsschlag spüren, erhöhen. Am Ende sind Sie so weit, dass Sie den Puls auch richtig feststellen könnten – und es dann auch tun: Zählen Sie die Anzahl der Pulsschläge in einer 15-Sekunden-Zeitspanne.

Der normale Ruhepuls liegt **bei kleineren Hunden zwischen 100 und 130 Schlägen** pro Minute, **bei größeren** in der Regel **zwischen 60 und 100 Schlägen.**

Je entspannter der Hund ist, umso genauer können Sie seinen normalen Ruhepuls bestimmen – und diesen als Referenzwert nutzen. Und natürlich lohnt es sich, einmal den Puls nach einer Anstrengung zu fühlen – dann spüren Sie, was das Hundeherz in Spitzenzeiten leisten kann.

Es ist übrigens egal, ob der Puls liegend, stehend oder sitzend gefühlt wird. Idealerweise lässt der Hund es in allen Positionen zu, sodass im Notfall auch immer der Puls kontrolliert werden kann. Versuchen Sie das doch gelegentlich einfach mal im Stehen oder Sitzen, wenn der Hund sowieso warten muss und Sie unverfänglich das Streicheln in ein Pulsmessen übergehen lassen.

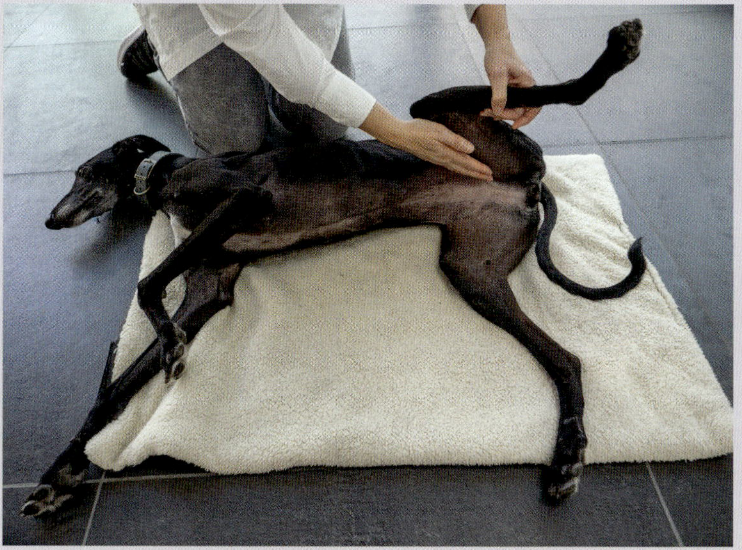

Egal, ob wir dem Hund im Stehen oder Liegen den Puls fühlen wollen: Wir begeben uns immer in einen sonst sehr geschützten Bereich. Je entspannter der Hund ist, umso unkomplizierter lässt er auch den kurzzeitigen leichten Druck auf seine Adern zu, den wir brauchen. Fürs Messen reicht es, 15 Sekunden lang zu zählen.

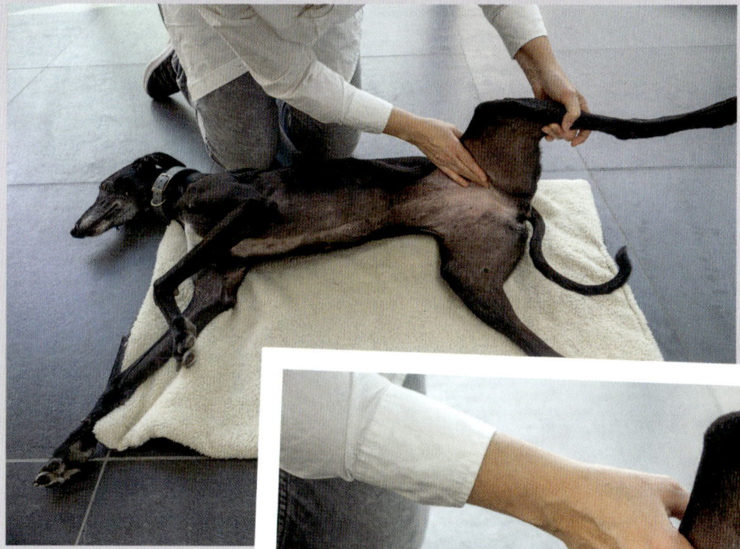

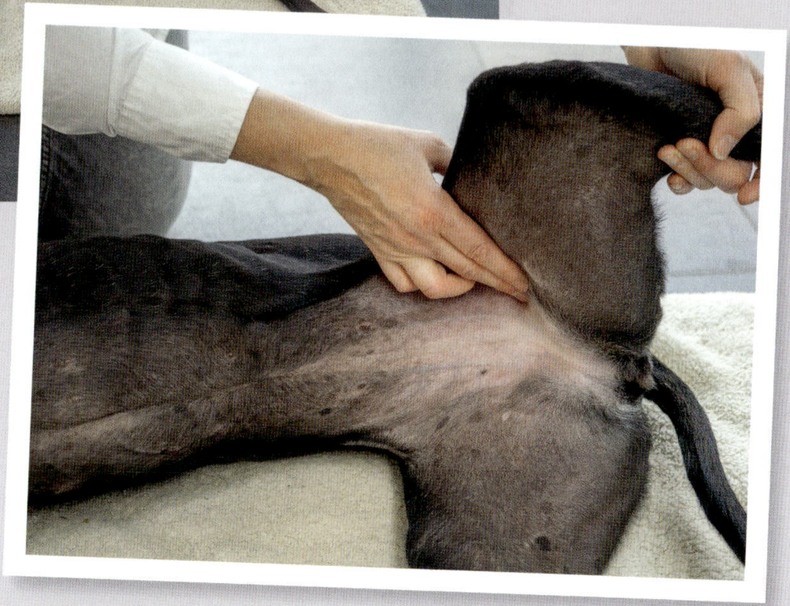

Spannend wird es, wenn andere genau dasselbe machen sollen – also wenn eine vertraute Person oder auch eine dem Hund eher wenig bekannte Person den Puls fühlt. Denn was der Hund seinen Bezugspersonen erlaubt, muss ja noch lange nicht jeder dürfen. Hier sollten Sie bei einem Fremden gegenüber eher skeptischen Hund schrittweise üben mit Menschen, die keine Angst vor ihm haben und im Allgemeinen eher freundlich gestimmt sind. Wenn die erste Kontaktaufnahme mit dem Hund funktioniert, können diejenigen auch die Berührung und das Pulsmessen ausprobieren. Klappt das, sind Sie für den Tierarztbesuch bestens vorbereitet.

Etwas, das sich gut **aus der sanften Lymphknotenmassage ableiten** lässt, wie sie unter den Alltagsübungen in Kapitel 6 beschrieben wird, ist das **Abtasten der Gelenke.** Es ist als Vorübung für den Tierarzt oder die Tierphysiotherapeutin wichtig, aber auch für uns. Wir kennen es von uns selbst – einmal dumm aufgetreten und wir humpeln. Die Ursache dafür ist uns meist bekannt und wir wissen, was wir tun müssen. Beim Hund kann es passieren, dass wir manchmal nur die Reaktion sehen, aber uns nicht erklären können, wann und wie er sich etwas zugezogen hat, das ihn humpeln lässt. Dann ist es gut, wenn wir schon beim gesunden Hund das Gelenke-abtasten geübt haben. Dabei kann es wichtig sein, den Hund auf **beiden Seiten zugleich abzutasten** – um Unterschiede auch wirklich zu spüren.

Am besten geht das bei mittelgroßen bis großen Hunden, wenn wir beim Tasten an den Vorderläufen mittig über dem Hund stehen. Dadurch ist die Strecke für unsere Hände zu den beiden Vorderbeinen ziemlich gleich und wir können gut parallel tasten und spüren. Ihre erste Aufgabe ist es also, den Hund in diese Position zu bekommen. Entweder, Sie lassen ihn eine Runde um Sie laufen und locken ihn zwischen den Beinen durch. Er sollte dann so sitzen oder stehen bleiben, dass Sie den Rücken zwischen Ihren Beinen haben. Alternativ setzt Ihr Hund sich oder soll stehen bleiben und Sie stellen sich über ihn. Trainieren Sie dies zunächst ohne weitere Aufgaben. Klappt das, können Sie sich ans Abtasten machen. Wenn Ihr Hund nicht dazu zu bringen ist, weil er Stresszeichen zeigt, können Sie auch neben ihm stehen. Bei kleineren Tieren ist das häufig sogar die einfachere Art, an beide Beine zu greifen und sie abzutasten.

Die eigentliche Kontroll-Aufgabe und damit Trainingseinheit kommt jetzt: das systematische Abtasten. Beginnen wir mit den Gelenken an den **Vorderläufen**. Egal, für welche Richtung Sie sich entscheiden: Tasten Sie **alle Gelenke an den Vorderläufen der Reihe nach ab**. Beginnend von der Schulter können Sie sich dem Hund so nach und nach annähern beim Abtasten – bis Sie zu den Pfoten kommen. Andersherum beugen Sie sich zunächst mehr über den Hund und kommen von den Pfoten über die Ellenbogen bis zu den Schultern – und geben ihm dadurch mehr Freiraum.

Statt parallel die Vorderbeine und die Gelenke abzutasten, lassen sie sich auch einzeln mit Stretch-Übungen auf eventuelle Beeinträchtigungen prüfen – hier kann und sollte der Hund mehr mitarbeiten, was gerade unterwegs auch eine willkommene Ablenkung sein kann.

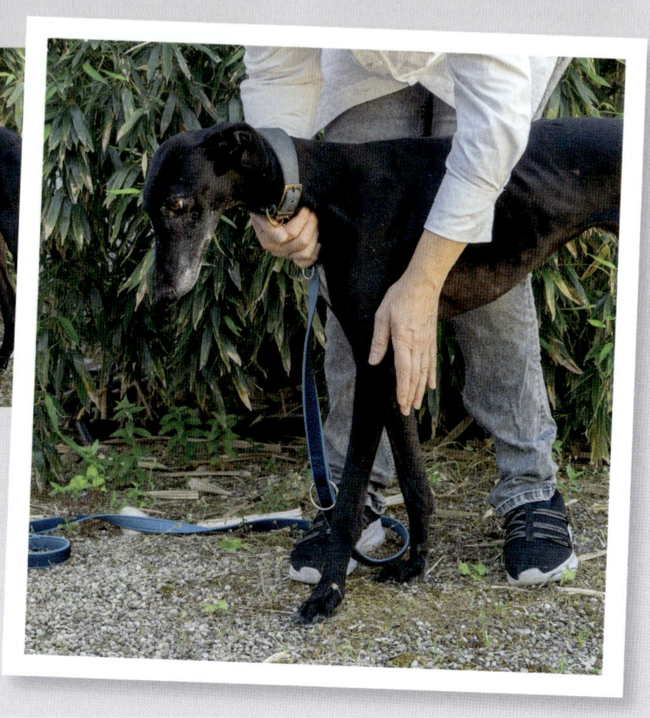

Dasselbe Prinzip der Gelenkkontrolle in der Bewegung ist auch bei den Hinterbeinen möglich – alternativ im Stehen oder Liegen.

Das Abtasten kann fürs Üben auch erst einmal nur teilweise geschehen – Sie sollten am Schluss der Übungen jedoch so weit sein, dass Sie alles ein- oder ggf. auch zweimal durchtasten können, ohne dass der Hund ausweichen will. So bekommen Sie ein Gefühl dafür, wie sich die Gelenke anfühlen, wenn alles in Ordnung ist.

Um die **Hinterläufe** abzutasten, sollte der Hund stehen. Wir können uns auch hinter dem Tier platzieren, denn so kommen wir ebenso an beide Seiten zum Fühlen. Auch hier gilt: in einer Richtung, alle Gelenke nacheinander abtasten und spüren, wie es sich im Normalzustand anfühlt. Sind Schwellungen zu ertasten, oder Stellen, die sich wärmer anfühlen als gewöhnlich, steht fest: Das muss medizinisch kontrolliert werden.

Übungsplan für das Abtasten der Gelenke

Ziel: Unser Hund soll lernen, das gleichzeitige Abtasten seiner parallelen Gelenke ruhig und entspannt zu akzeptieren. Wir wollen damit mögliche Beeinträchtigungen frühzeitig erkennen und gegebenenfalls für eine weiterführende Untersuchung den Tierarzt aufsuchen können.

Was Sie dafür einplanen sollten:

- **Dauer:** wenige Minuten pro Trainingseinheit
- **Häufigkeit:** immer, wenn sich eine ruhige Gelegenheit dazu ergibt – beim Einstieg gerne täglich
- **Materialien:** ggf. Leckerlis, ruhige Umgebung

1. Einstieg mit dem Platzieren des Hundes

- **Hund im Sitz:** Wie zuvor beschrieben, holen wir den Hund in eine sitzende Position, bei allen mittel-bis großen Hunden zwischen unseren Beinen, sodass wir hinter seinen Schultern stehen.
- Alternative Position: Falls unser Hund kleiner ist oder nicht gerne in engen Räumen ist oder unter uns, stellen wir uns neben den Hund, ebenfalls hinter den Schultern.

2. Berührung der Gelenke

- **Leichte Berührung der parallelen Gelenke:** Wir beginnen mit leichten Berührungen beider Schulterpartien gleichzeitig. Alternativ können wir auch an den Pfoten beginnen und uns dann jeweils nach oben »hochtasten«. Wir können unserem Hund auch hier wieder ein Signalwort mitgeben, während wir ihn das erste Mal berühren. Für uns ist es am einfachsten, wenn wir »Gelenke« nutzen, denn schließlich wollen wir diese ja abtasten. Wir belohnen unseren Hund, wenn er ruhig bleibt. Wird er nervös, berühren wir die Gelenke nur kurz und belohnen ihn sofort.
- **Ausweiten auf alle Gelenke des vorderen Bereichs:** Sind wir problemlos mit der Berührung der Schulterpartie vorangekommen, tasten wir weiter nach unten und gehen über die Ellenbogengelenke zum Handwurzelgelenk zu den Pfoten. Wir arbeiten immer parallel und verharren nicht zu lange an einer Stelle.
- **Belohnen:** Haben wir vorne alles am Stück geschafft, belohnen wir mit Lob und sanftem Streicheln. Je nachdem, wie bereitwillig unser Hund weiter dabei ist, setzen wir das Abtasten fort oder lassen es damit fürs Erste genug sein.

3. Fortsetzung des Abtastens im hinteren Bereich

- **Hüftgelenke:** Wir wechseln zu den Hüftgelenken und tasten sie gleichzeitig ab. Wir belohnen unseren Hund für das ruhige Akzeptieren der Berührung.
- **Kniegelenke:** Nach den Hüften gehen wir zu den Kniegelenken über und wiederholen das Abtasten. Wir belohnen unseren Hund für das ruhige Akzeptieren der Berührung.
- **Fußgelenke:** Abschließend tasten wir die Hinterbeine gleichzeitig ab. Erneut belohnen wir unseren Hund, wenn er ruhig bleibt.

5. Abklären und Vertiefen

- Nachdem wir das Abtasten zunächst ohne großen Druck einfach per Berühren und Umfassen von vorne bis hinten als eine Aktion eingeführt haben, gehen wir im zweiten Übungsteil tiefer ins Untersuchen: Wir umschließen die Gelenke und üben einen leichten Druck aus. Dadurch können wir Empfindlichkeiten an den Gelenken ausmachen – und außerdem Schwellungen und ggf. eine erhöhte Temperatur feststellen.

6. Spaß-Variante im Alltag

Gelegentlich während eines Spaziergangs oder beim Spielen fassen wir kurz die Gelenke unseres Hundes und zeigen ihm durch verbales Lob und Freude, dass er es gut gemacht hat. Dies zeigt ihm, dass die Übung auch außerhalb des Trainings keine Bedrohung darstellt und Teil des alltäglichen Spaßes sein kann. Dies verstärkt die positive Erfahrung.

7. Festigung und Erweiterung

- **Regelmäßige Wiederholung:** Wir wiederholen die Übungen regelmäßig, um die Verhaltensweisen zu festigen und belohnen den Hund immer für seine Geduld und Ruhe.
- **Festigen und erweitern:** Wir können auch eine kleine Stretch-Übung mit einbauen, indem wir, wie auf den Bildern mit Galgo-Hündin Lora zu sehen, die Gelenke an den Beinen auch einzeln bewegen. Das ist gerade bei Spaziergängen einfacher, weil wir es als Beschäftigung einbauen können – bauen wir es als Spiel ein und belohnen wir den Hund mit unserer vollen Aufmerksamkeit!

Weniger mit Gelenkproblemen belastet sieht es am anderen Ende unseres Hundes aus. Dennoch sollten wir auch hier vorarbeiten. Die Rippenbögen, die Hüfte und auch das Rückgrat nehmen wir beim Streicheln schon oft genug unter die Finger, die **Rute** jedoch seltener. Hier kann Medical Training auch helfen, wenn wir Fieber messen müssen beispielsweise oder es um das Leeren der Analdrüsen geht. Die Rute und deren Glieder vom Ansatz her bis zur Spitze zu spüren ist das eine, sie auch anzuheben oder **zur Seite halten** zu dürfen das andere. Hier

Wenn der Hund entspannt liegt und wir an seiner Rute tasten oder sie bewegen, kann es schon sein, dass er wieder etwas wachsamer wird. Hebt er wie auf dem letzten Bild sein Bein, können wir die Übung einfach damit verbinden, dass wir das Hinterbein ebenfalls kurz halten und dann das Ganze beenden.

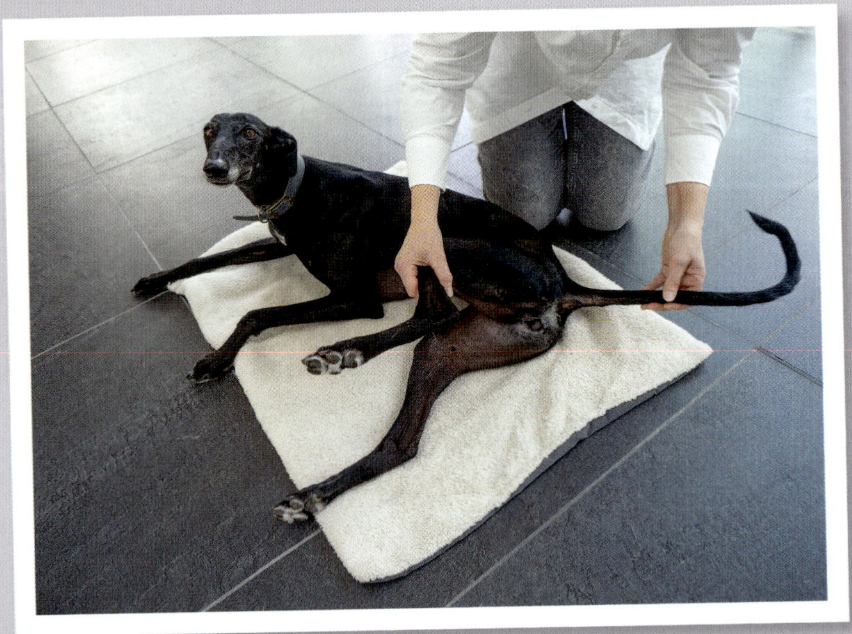

können wir wieder 2 Methoden unterscheiden: Bei der einen nutzen wir die Lymphknoten-Massage (Kapitel 6). Mit dieser entspannenden und fast allen Hunden wohltuenden Massage stimmen wir ihn positiv, während wir ihn quasi am ganzen Körper berühren und manipulieren. Kommen wir zum Massagepunkt an den Hinterläufen außen kurz vor dem Knie, können wir danach, bevor wir endgültig zum Ende kommen, einmal die Rute abstreichen und kurz zur Seite bzw. nach oben heben.

Oder wir nutzen die zweite Variante: Unser Hund liegt, zeitlich mit ausreichendem Abstand zum Gassigang, auf der Seite und wir streicheln ihn, um ihn zu entspannen. Dann können wir wieder mit Signalwort »Rute« ebendiese nehmen und kurz anheben. Das Ausweichen fällt dem Hund aus dieser Position natürlich schwerer als im Stehen und Sie behalten die Kontrolle. Klappt das alles im Trockenlauf, können Sie natürlich auch einmal die **Körpertemperatur messen** – mit einem ganz klassischen Thermometer. Die Körpertemperatur unserer Hunde ist normalerweise etwas höher als unsere. In der Regel liegt sie **zwischen 37 und 39 Grad**, bei Welpen kann sie sogar noch etwas höher sein, ohne dass der Hund krank ist. Ab 40 Grad Celsius sollten Sie die tierärztliche Praxis aufsuchen, die sich ansonsten sicher darüber freut, dass Ihr Hund sich dank Training problemlos Fieber messen lässt ...

Wollen wir einmal von vorne bis hinten, von oben bis unten den Körper abtasten, haben wir fast jeden Tag Gelegenheit dazu und sollte sie auch nutzen. Wie wir eine solche Routine, beispielsweise vor dem Einsteigen ins Auto nach einem Spaziergang oder auch – noch einfacher, beim Abtrocknen nach einem Gang durch den Regen – einbauen, erfahren Sie in Kapitel 6.

»Ein gutes Gefühl für den eigenen Körper und seine Bewegungen ist auch wichtig.«

Kapitel

5

ALLES KEIN PROBLEM! ENTSPANNEN UND AUSHALTEN

Das längere Ruhig-stehen oder Sitzenbleiben in einer Behandlung bekommen wir meist nicht ohne **Halten** hin. Damit es, gerade beim Tierarzt, Therapeut oder Hundefrisör, für beide Seiten ungefährlich bleibt, hilft es, wenn wir die **Schnauze festhalten** können. Noch besser ist es, wenn der Hund seine Schnauze in unsere Hände legt, die wir dann schließen können. Handelt er von sich aus, haben wir damit sein Zugeständnis, dass jetzt etwas an oder mit ihm gemacht werden darf – er zeigt uns seine Kooperationsbereitschaft. Damit das klappt, sollten wir es auch im Alltag immer wieder üben.

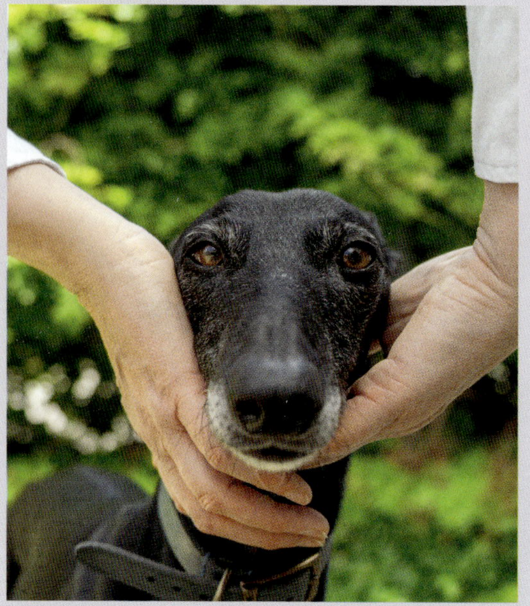

Die Schnauze mit der Hand umfassen ist etwas, das wir mit kurzer Signalwortangabe jederzeit machen können – egal ob zuhause oder unterwegs. Damit der Hund seinen Kopf in unsere Hände legt, sollten wir mit dem Tricktraining des Kinn-Targets bereits Erfahrungen gemacht haben. Dann können wir ihm das Signal dafür geben, und er wird seine Schnauze in unsere Hände legen.

Übungsplan zum Umfassen und Festhalten der Schnauze

Ziel: Unser Hund soll lernen, dass das Umfassen und Festhalten seiner Schnauze in Ordnung und ungefährlich ist. Alternativ soll er lernen, seinen Kopf freiwillig in unsere Hände zu legen.

Was Sie dafür einplanen sollten:

- **Dauer:** wenige Minuten pro Trainingseinheit
- **Häufigkeit:** beim Einstieg täglich, mit Kinn-Target-Erfahrung gelegentlich als Alternative
- **Materialien:** Leckerlis, Clicker (optional), ruhige Umgebung

1. Ausgangsposition

- **Entspannendes Streicheln:** Bevor wir mit dem Training beginnen, streicheln wir unseren Hund ruhig und sanft. Dies hilft ihm, sich zu entspannen und bereitet ihn auf das Training vor, bei dem wir ihn in gewisser Weise einschränken werden – da er seine Schnauze dann nicht mehr frei bewegen kann.

2. Schnauze umfassen und festhalten

- **Schnauze berühren:** Wir berühren leicht die Schnauze unseres Hundes, klicken und belohnen ihn, wenn er ruhig bleibt. Dies hilft ihm, sich an die Berührung zu gewöhnen und sie als positiv wahrzunehmen. Wenn unser Hund die Berührung meidet, belohnen wir ihn für jedes Mal, wenn die Hand sich nähert und nicht zurückweicht. Wir steigern schrittweise die Nähe, bis es möglich ist, die Schnauze nicht nur zu berühren, sondern auch die Hand leicht zu schließen.
- **Schnauze umfassen:** Wir umfassen sanft die Schnauze mit einer Hand, klicken und belohnen den Hund, wenn er ruhig bleibt. Dies zeigt ihm, dass das Umfassen der Schnauze keine Bedrohung darstellt. Falls er unruhig wird, umfassen wir nur die Schnauze leicht und belohnen ihn für jede ruhige Sekunde. Wir erhöhen schrittweise die Dauer des Festhaltens.
- **Schnauze festhalten:** Sobald unser Hund das Umfassen akzeptiert, halten wir seine Schnauze sanft für ein paar Sekunden fest. Wir klicken und belohnen ihn, wenn er ruhig bleibt. Zieht unser Hund die Schnauze sofort heraus, belohnen wir ihn für kürzere Zeiträume und verlängern diese schrittweise.

3. Alternativ: Kopf in beide Hände legen

- **Hände präsentieren:** Idealerweise haben wir bereits das Kinn-Target eingeführt – dann ist es nur noch ein kleiner Schritt bis hin zum Ablegen der Schnauze in unseren Händen. Wollen wir das unabhängig vom Tricktraining einüben, müssen wir schrittweise vorgehen.

Wir legen unsere Hände so, dass sie wie eine Schale aussehen, und halten sie vor die Schnauze unseres Hundes. Wir klicken und belohnen ihn, wenn er seinen Kopf freiwillig in unsere Hände legt. Falls unser Hund zögert, legen wir ein Leckerli in unsere Hände, um ihn zu ermutigen, seinen Kopf in die Hände zu legen. Wenn er dies tut und sich das Leckerli holt, versuchen wir es erneut ohne eine Futterbelohnung.

- **Kopf in den Händen halten:** Sobald unser Hund seinen Kopf in unsere Hände gelegt hat, halten wir ihn sanft und belohnen ihn für das ruhige Verweilen. Wir loben ihn überschwänglich und belohnen ihn nach ein paar Sekunden, nachdem wir ihn wieder freigegeben haben. Wenn unser Hund seinen Kopf schnell wieder herauszieht, belohnen wir ihn für kürzere Zeiträume und verlängern diese schrittweise.

4. Spaß-Variante im Alltag

- **Kurze Übung beim Spaziergang:** Gelegentlich während eines Spaziergangs oder beim Spielen fassen wir kurz die Schnauze unseres Hundes oder legen seine Schnauze in unsere Hände und zeigen ihm durch verbales Lob und Freude, dass er es gut gemacht hat. Dies zeigt ihm, dass die Übung auch außerhalb des Trainings keine Bedrohung darstellt und Teil des alltäglichen Spaßes sein kann. Wir können ihn auch ermutigen, seinen Kopf in unsere Hände zu legen, und ihn einfach durch Lächeln und liebevolles Streicheln loben, ohne Leckerlis zu verwenden. Dies verstärkt die positive Erfahrung.
- **Übung ohne Leckerlis:** Wir üben das Schnauze-umfassen und Kopf in die Hände legen auch ohne Leckerlis als Belohnung, um dem Hund zu verdeutlichen, dass nicht jede Übung eine Futterbelohnung erfordert.

Darüber hinaus können wir fürs längere Ausharren-müssen an einer Stelle wieder in die Trickkiste greifen: Führen wir das **Boden-Target** ein. Dank dieses Hilfsmittels erreichen wir, das unser Hund spielerisch kooperativ eine Position einnimmt und länger aushält, während wir ihn manipulieren können.

Anleitung für das Training mit Boden-Target

Ziel: Unser Hund soll lernen, eine bestimmte Fläche auf dem Boden (z. B. ein Teppichstück oder eine Matte) zu berühren, indem er sich darauf setzt oder legt. Er bleibt freiwillig an diesem Platz, bis wir ihn wieder freigeben.

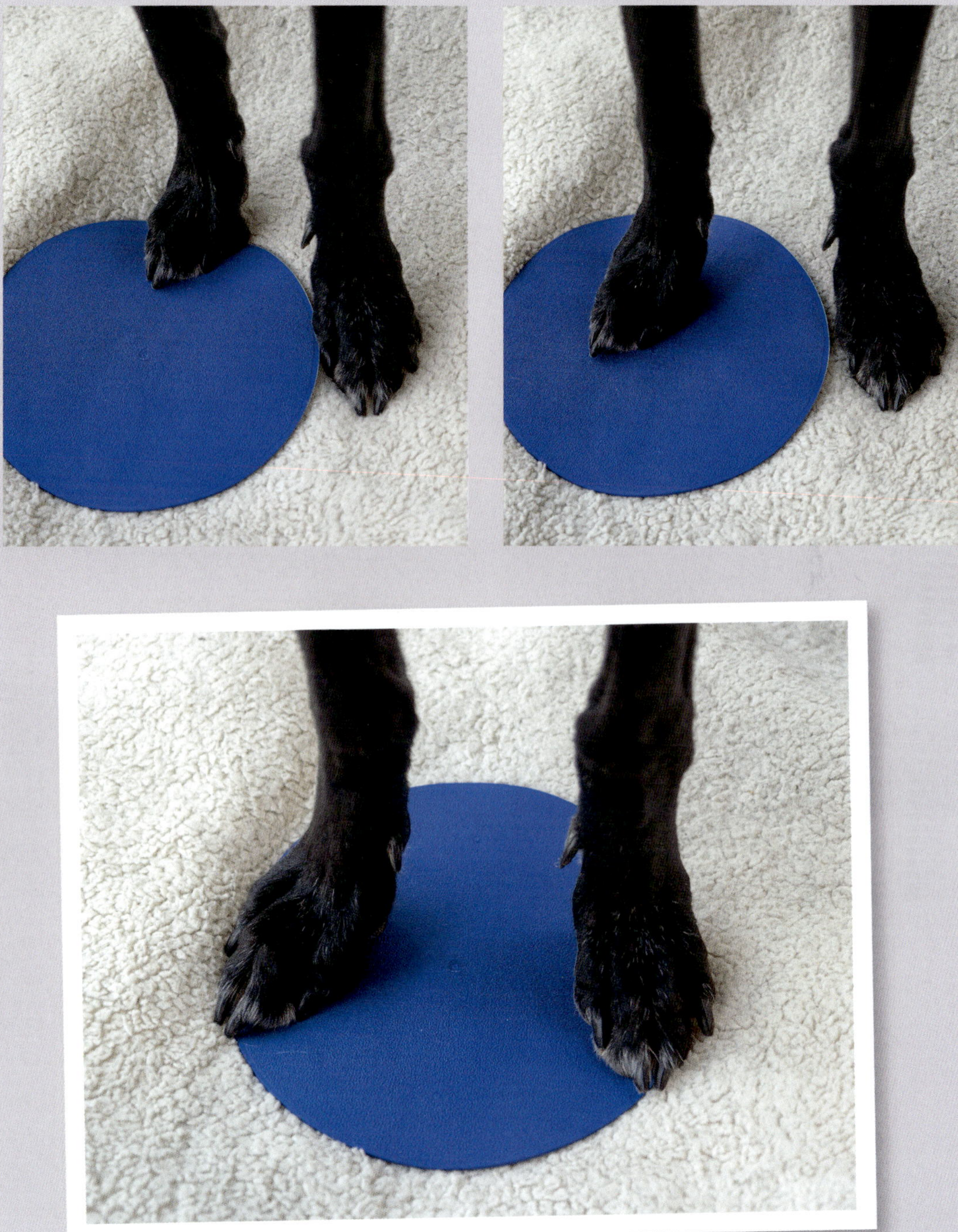

Wenn wir unseren Hund gezielt auf einem bestimmten Ort Sitz oder Platz machen lassen wollen, bauen wir das Boden-Target als Tricktraining auf.

Später können wir ihn dann auch ohne dieses Hilfsmittel auf einen bestimmten Platz schicken, den wir ihm z. B. vorher gezeigt und mit dem Signalwort belegt haben.

Was Sie dafür einplanen sollten:

- **Dauer:** wenige Minuten pro Trainingseinheit
- **Häufigkeit:** anfangs täglich, wenn es eingeübt ist immer wieder bei Gelegenheit
- **Materialien:** Leckerlis, Clicker, ruhige Umgebung, Boden-Target (z. B. Teppichstück, Matte)

1. Erste Annäherung

- **Target präsentieren:** Wir legen das Boden-Target in die Nähe unseres Hundes und lassen ihn daran schnüffeln.
- **Loben, Clicker und belohnen:** Sobald unser Hund das Target beschnüffelt oder darauf tritt, klicken wir, loben ihn und geben ihm ein Leckerli.
- **Wiederholung:** Diesen Schritt wiederholen wir mehrmals, bis unser Hund versteht, dass das Berühren des Targets eine Belohnung bringt.

2. Einführung des Signals

- **Signal einführen:** Sobald unser Hund das Target zuverlässig berührt, sagen wir »Matte« (oder ein anderes gewähltes Signal, das wir nicht für einen Liegeplatz etc. verwenden), unmittelbar bevor er das Target berührt.
- **Loben, Clicker und belohnen:** Berührt unser Hund auf das Signal hin das Target, klicken wir, loben ihn überschwänglich und geben ihm ein Leckerli.
- **Üben:** Diesen Schritt üben wir für mehrere Tage in kurzen Einheiten mehrmals, aber so, dass der Hund nicht ermüdet.

3. Generalisieren

- **Position variieren:** Wir legen das Target an verschiedene Stellen im Raum und geben das Signal »Matte«. Wir belohnen und klicken unseren Hund, wenn er das Target findet und berührt.
- **Ablenkungen einführen:** Nach einigen Tagen fügen wir Ablenkungen hinzu, wie z. B. andere Personen oder Geräusche, und wiederholen die Übung.
- **Training fortsetzen:** Wir wiederholen diese Übungen täglich für etwa eine Woche bis 2 Wochen, um das Verhalten zu festigen.

4. Dauer verlängern

- **Länger verweilen:** Sobald unser Hund das Target berührt, verlängern wir schrittweise die Zeit, die er auf dem Target bleibt, bevor er die Belohnung erhält. Wir klicken, loben und belohnen ihn dabei.

- **Sitz oder Platz einführen:** Wir geben zusätzlich zu »Matte«, wenn er das Target erreicht, die Signale »Sitz« oder »Platz«, um unseren Hund dazu zu bringen, auf dem Target zu bleiben. Auch hier klicken wir, loben und belohnen ihn.
- **Üben:** Diese Schritte üben wir in kurzen Einheiten über mehrere Tage, um das Verhalten zu festigen.

5. Auflösesignal einführen und nutzen

In der Regel sollte unser Hund für alle Signale, also alle Aufforderungen, die wir ihm geben, auch ein Auflösesignal kennen, mit dem wir ihm wieder freigeben. Dabei kann das für das Aufheben von Begrenzungen, beispielsweise beim »Bei Fuß gehen«, genauso wichtig sein und dasselbe Wort verwendet werden.

Zusätzliche Hilfe: Wenn unser Hund Schwierigkeiten hat, sich ganz auf das Target zu legen, haben wir 2 Möglichkeiten: Entweder können wir ihn vorsichtig mit der Hand in die richtige Position führen und dabei klicken, loben und belohnen. Oder wir akzeptieren seinen Versuch, sofern er einen Teil des Targets berührt, – solange er darauf bleibt, bis wir ihn wieder freigeben.

Hinlegen lassen und liegen bleiben

Hunde legen sich meist dann seitlich hin, wenn sie sich sicher fühlen und den Menschen vertrauen. Haben Sie Glück, und Ihr Hund ist immer gut drauf, ist das sicher eine einfache Übung und Sie brauchen wenig Training. Doch sich im Extremfall auf einem Tisch in der Tierarztpraxis hinzulegen, ist etwas ganz anderes, als das zuhause zu tun. Darum kann auch mit dem liebsten und vertrautesten Tier ein entsprechendes Medical Training hilfreich sein. »Sitz, Platz, Leg dich« – ist die Lernfolge, die Sie Ihrem Hund beibringen. Dabei ist das Legen – egal ob mit entspannt liegendem Kopf oder doch einem wachsamen Auge und leichtem Kopfanheben – das, was wir erreichen wollen für die meisten Untersuchungen und Erste-Hilfe-Maßnahmen.

Wenn der Hund das Sich-setzen und Platz-einnehmen beherrscht, kommt der Part, bei dem Sie ihm das Seitlich-hinlegen beibringen. Tut der Hund das beispielsweise nach einem ausgiebigen Spaziergang normalerweise zuhause bereits selbst auf seinem Platz, nutzen Sie diese Gelegenheit zum Einführen Ihres Signals. Das bedeutet: Sie geben ihm dafür das eindeutige Signal, wenn er es sowieso tun will. Also: Der Hund geht in Richtung seines Platzes – will sich hinlegen – und Sie sagen freundlich, aber im richtigen Moment, bevor er sich hinfallen lässt:

»Leg dich«. Seien Sie darauf vorbereitet, denn wenn er es tut, sollten Sie ihn mit einem Lob, Clicker oder anderer Belohnung, die ihn weiter liegen bleiben lässt, dafür auch belohnen. Tun Sie das öfter, und gerne auch an anderen Orten – bis Sie es einmal ersatzweise mit einer Decke probieren. Diese bereitet auf den späteren Tisch vor. Also statt auf dem eigenen Platz geben Sie das Signal, wenn Sie den Hund auf eine rechteckige Decke gelotst haben. Funktioniert das im Haus, üben Sie es draußen – und natürlich können Sie das Ganze auch mit einem Gartentisch schon einmal üben.

TIPP: Versuchen Sie, diese Übung mit schon eintrainierten und erfolgreich kennengelernten anderen Medical-Training-Übungen zu kombinieren. Dann sind Sie für den nächsten Tierarztpraxisbesuch bestens vorbereitet!

Anleitung für das Tricktraining »Auf die Seite legen«

Ziel: Unser Hund soll lernen, sich auf ein Signal hin auf die Seite zu legen. Dies kann als Trick Spaß machen und sowohl Beschäftigung als auch für tierärztliche Untersuchungen nützlich sein.

Was Sie dafür einplanen sollten:

- **Dauer:** wenige Minuten pro Trainingseinheit
- **Häufigkeit:** anfangs täglich zum Kennenlernen
- **Materialien:** Leckerlis, Clicker, ruhige Umgebung

1. Grundposition einnehmen

- **Vom Sitz ins Platz:** Damit wir den Hund etwas ruhiger in unsere Übung bringen, lassen wir ihn sich zunächst setzen. Nach kurzem Streicheln und »Herunterfahren«, bitten wir unserem Hund in die »Platz«-Position.

2. Auf die Seite legen (ohne Locken)

- **Körpersprache und Berührung:** Wir setzen uns neben unseren Hund, der in der »Platz«-Position liegt. Mit einer Hand legen wir sanft Druck auf seine Schulter, während wir gleichzeitig mit der anderen Hand seinen Rücken oder seine Hüfte streicheln, um ihn in die Seitenlage zu führen.

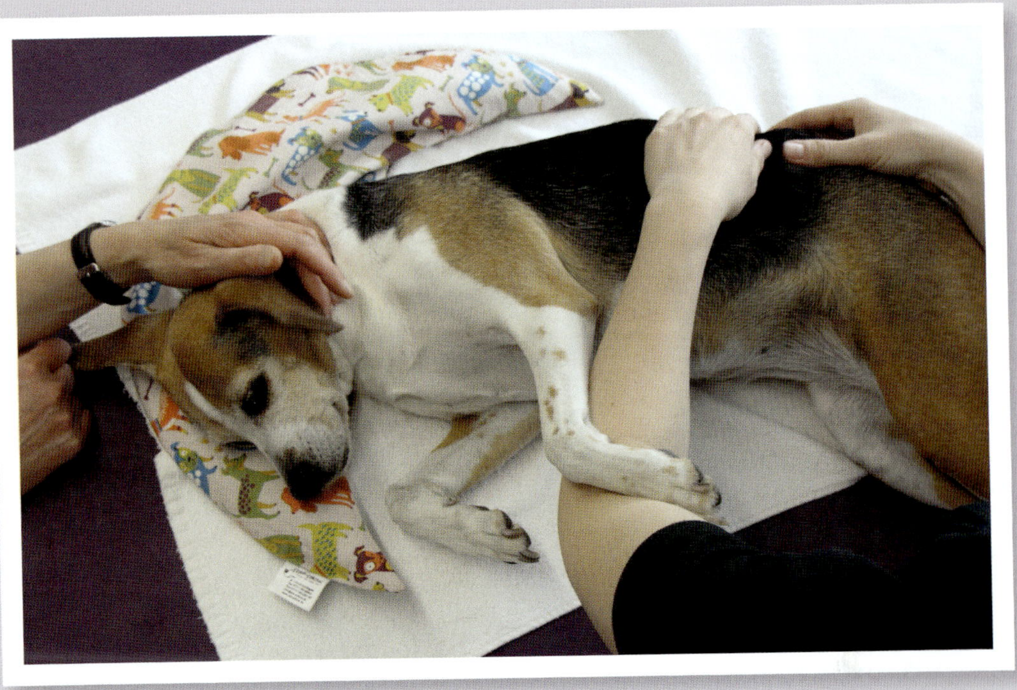

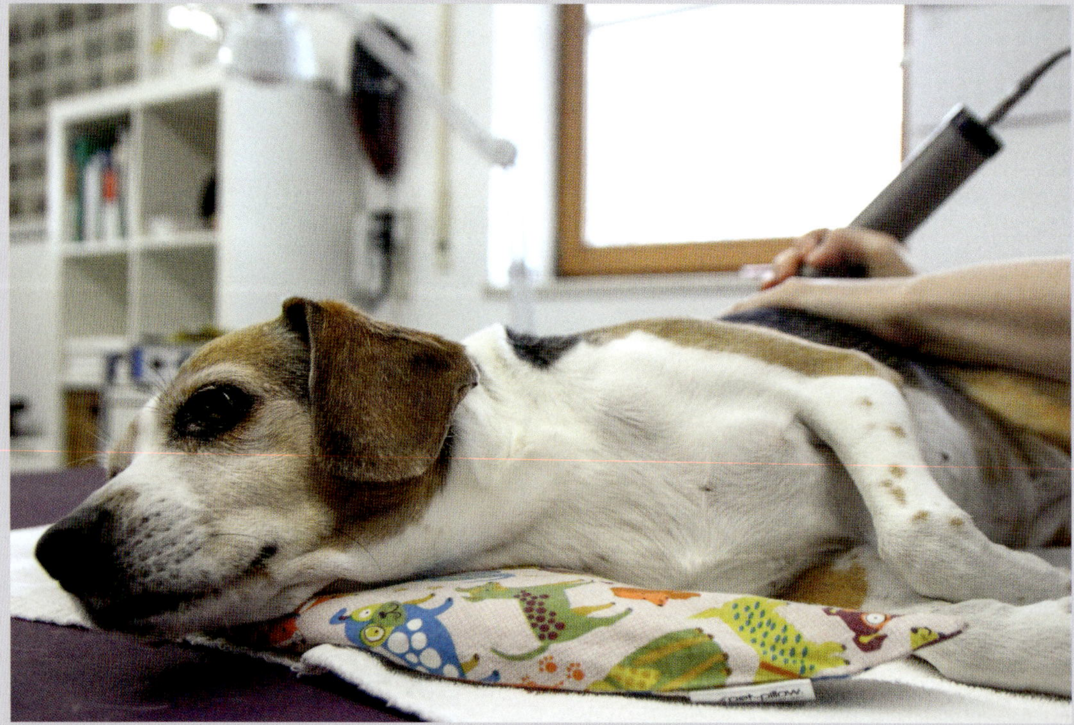

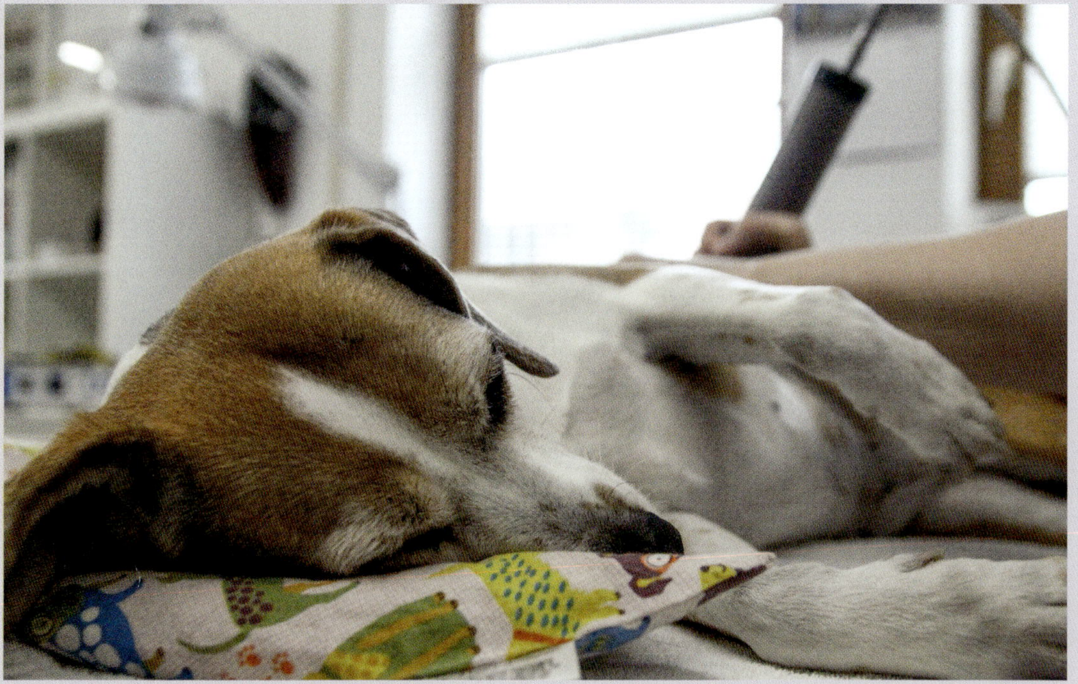

Bei tierphysiotherapeutischen Behandlungen kann es anfangs helfen, wenn wir noch Körperkontakt halten, damit der Hund entspannt liegen bleibt. Oft ist jedoch die Behandlung selbst für ihn so beruhigend, dass er sogar vor sich hindösen kann.

- **Loben, Clicker und belohnen:** Sobald unser Hund sich auf die Seite gelegt hat, klicken wir mit dem Clicker, loben ihn und geben ihm ein Leckerli.
- **Wiederholung:** Diesen Schritt wiederholen wir mehrere Male, um die Bewegung zu festigen.

3. Einführung des Signals

- **Signal einführen:** Sobald unser Hund sich zuverlässig auf die Seite legt, sagen wir »Seite« (oder ein anderes gewähltes Signal), unmittelbar, bevor er die Bewegung ausführt.
- **Loben, Clicker und belohnen:** Wenn unser Hund auf das Signal hin die Bewegung ausführt, klicken wir, loben ihn überschwänglich und geben ihm ein Leckerli.
- **Üben:** Diesen Schritt üben wir für mehrere Tage in kurzen Einheiten.

4. Generalisieren

- **Position variieren:** Wir üben das Signal in verschiedenen Positionen und Umgebungen, damit unser Hund lernt, die Bewegung unter verschiedenen Bedingungen auszuführen.
- **Ablenkungen einführen:** Nach einigen Tagen fügen wir Ablenkungen hinzu, wie z. B. andere Personen oder Geräusche, und wiederholen die Übung.
- **Training fortsetzen:** Wir wiederholen diese Übungen täglich für etwa eine Woche bis 2 Wochen, um das Verhalten zu festigen.

5. Alternative Methode: Shaping (freies Formen)

- **Schrittweises Formen:** Anstatt unseren Hund zu führen oder zu locken, belohnen wir ihn für jede Annäherung an die gewünschte Endposition. Zuerst belohnen und klicken wir, wenn er sich entspannt auf eine Seite neigt.
- **Kleinste Fortschritte belohnen:** Sobald unser Hund regelmäßig eine kleine Bewegung in die gewünschte Richtung macht, erhöhen wir die Anforderungen und belohnen ihn nur, wenn er sich noch weiter in die Seitenlage begibt. Jedes Mal klicken wir, loben ihn und geben ihm ein Leckerli.
- **Verhalten formen:** Nach und nach formen wir so das komplette Verhalten, bis unser Hund sich vollständig auf die Seite legt.

Körperliche Hilfe: Wenn unser Hund Schwierigkeiten hat, sich ganz auf die Seite zu legen, können wir ihn vorsichtig mit der Hand in die richtige Position führen und dabei loben und belohnen.

Hilfreich ist es auch, wenn der Hund beim **Seitenwechsel** kooperiert. Denn oft müssen wir ja gerade bei tierosteopathischen oder -physiotherapeutischen Übungen beide Körperhälften behandeln. Hat unser Hund also das seitliche Hinlegen gelernt, müssen wir ihm jetzt nur noch den direkten Seitenwechsel beibringen. Meistens haben Hunde auch eine Schokoladenseite. Das heißt, sie werden uns beim Hinlegen-Trick häufiger eine Seite präsentieren. Das ist nicht schlimm, wir sollten nur darauf achten, dass wir dann eben das Wenden auch hinbekommen.

Anleitung für Umdrehen und auf die andere Seite legen

Ziel: Unser Hund soll lernen, sich kooperativ und entspannt von einer Seitenlage in die andere zu drehen, entweder durch Aufstehen und Wenden oder durch ein entspanntes Umdrehen über den Rücken.

Was Sie dafür einplanen sollten:

- **Dauer:** 3 bis 5 Minuten pro Trainingseinheit
- **Häufigkeit:** anfangs täglich, dann gelegentlich in der Woche einmal
- **Materialien:** Leckerlis, Clicker (optional), ruhige Umgebung

1. Entspannungsübungen

- **Entspannendes Streicheln:** Bevor wir mit dem Training beginnen, streicheln wir unseren Hund ruhig und sanft. Dies hilft ihm, sich zu entspannen und bereitet ihn auf das Training vor.

2. Seitenlage festigen

- **Hinlegen auf Signal:** Unser Hund legt sich auf Signal hin (»Platz«). Dann geben wir das Signal für die Seitenlage (»Leg dich (auf die Seite)«) und belohnen ihn, sobald er sich entspannt auf die Seite gelegt hat. Wir klicken und belohnen ihn, sobald er in der Seitenlage ist. Falls unser Hund nicht sofort in die Seitenlage geht, zeigen wir mit der Hand auf die Seite und ermutigen ihn sanft, sich hinzulegen.

3. Umdrehen über den Rücken

- **Kopfbewegung initiieren:** Wir halten ein Leckerli nah an der Nase unseres Hundes und führen es langsam in einem Bogen über seinen Kopf, sodass er der Bewegung folgt. Dies ermutigt ihn, sich über den Rücken zu drehen. Wir klicken und belohnen ihn, sobald er sich auf die andere Seite gedreht hat. Statt das Leckerli zu benutzen, können wir unseren Hund durch sanfte Berührung und verbale Ermutigung (z. B. «Drehen«) leiten. Wir achten darauf, ihn nur so weit zu drehen, wie er entspannt bleibt. Wir belohnen ihn für jede kleine Bewegung in Richtung der Rolle.

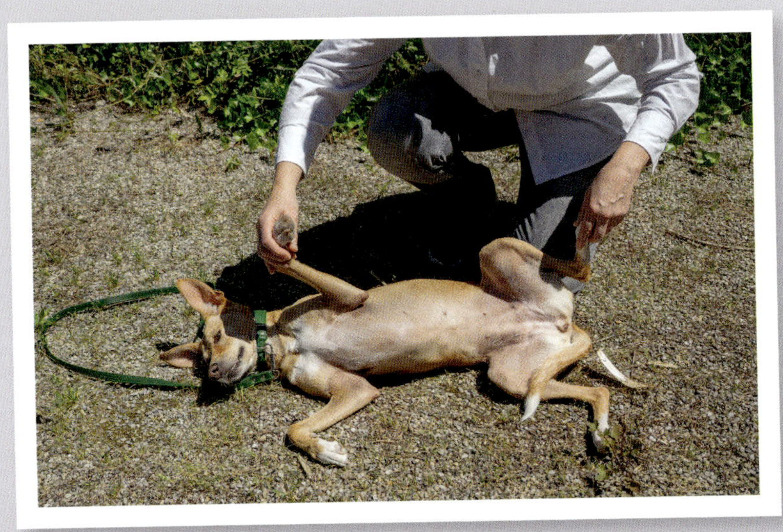

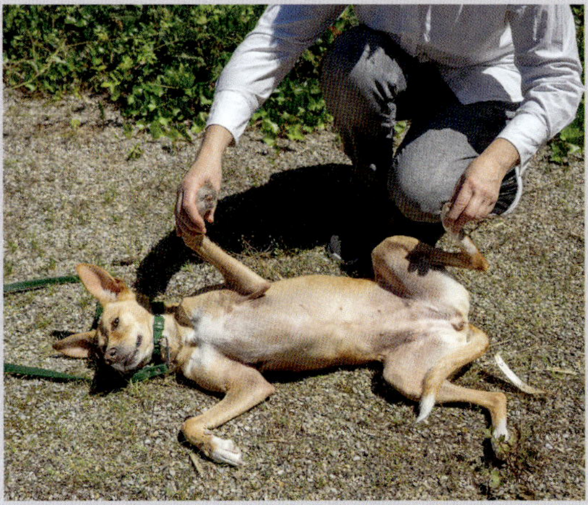

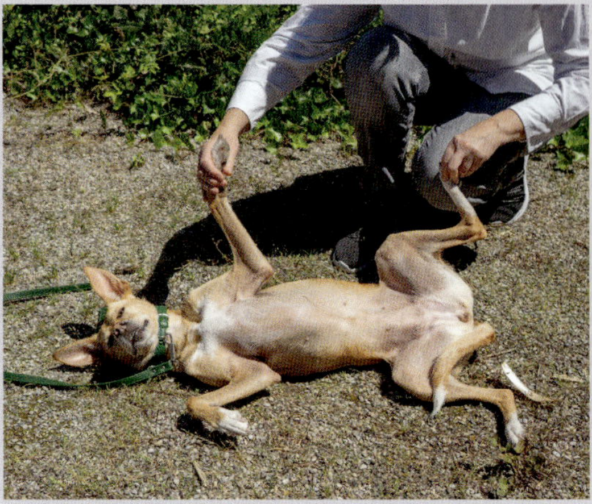

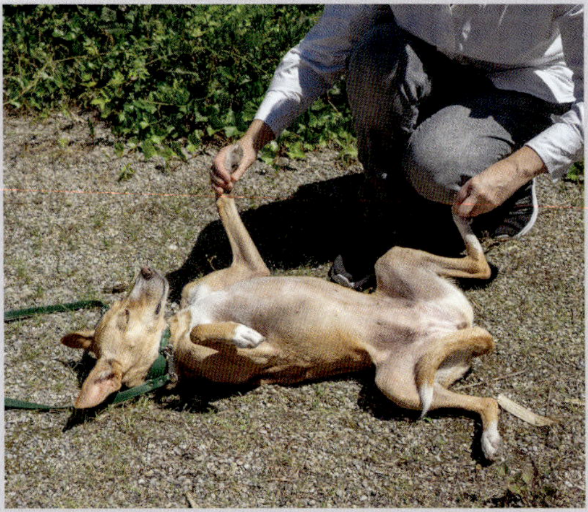

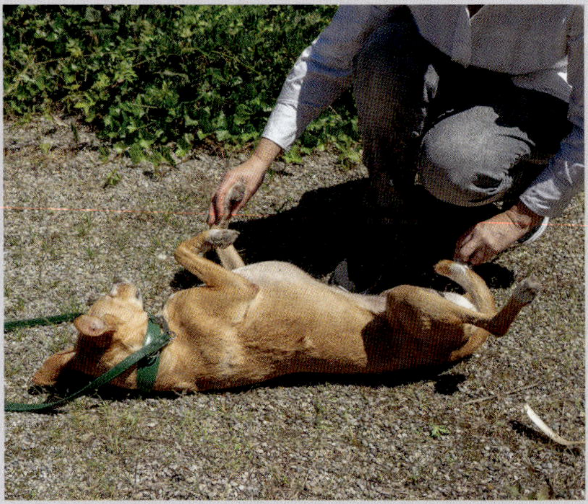

- **Sanftes Rollen unterstützen:** Wenn unser Hund sich langsam über den Rücken dreht, können wir ihn sanft unterstützen, indem wir seine Bewegung mit der Hand begleiten. Dies hilft ihm, die Bewegung zu verstehen und entspannt zu bleiben. Auch hier gilt: jeden Fortschritt klicken und belohnen. Wenn unser Hund zögert, geben wir ihm die Zeit, sich zu entspannen, bevor wir die Bewegung erneut versuchen.

4. Umdrehen durch Aufstehen und Wenden

- **Signal zum Aufstehen:** Nachdem unser Hund sich hingelegt hat, geben wir das Signal zum Aufstehen (»Auf«) und belohnen ihn, wenn er aufsteht. Sobald er aufsteht, klicken und belohnen wir das.
- **Signal zum Wenden:** Sobald er steht, geben wir das Signal zum Wenden (»Drehen«) und ermutigen ihn, sich auf die andere Seite zu legen. Sobald er sich gewendet und hingelegt hat, klicken und belohnen wir ihn. Statt eines Leckerlis können wir mit einem Spielzeug oder durch verbales Lob und sanftes Führen mit der Hand arbeiten.

5. Entspannt bleiben während des Rollens oder Wendens

- **Entspannungsübung nach dem Rollen:** Nachdem unser Hund sich umgedreht hat, streicheln wir ihn ruhig und sanft, um sicherzustellen, dass er entspannt bleibt. Wir klicken und belohnen ihn für sein ruhiges Verhalten. Ist er nach dem Rollen unruhig, beenden wir die Übung und geben ihm Zeit, sich zu entspannen, bevor wir erneut beginnen.

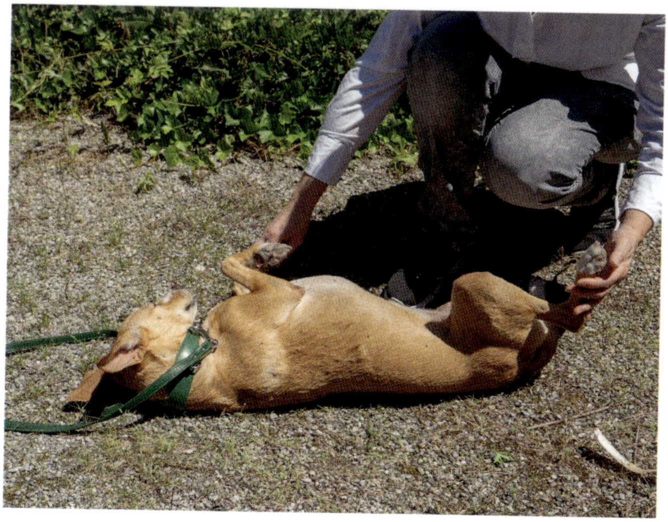

Wenn wir unseren Hund an den Pfoten packen und langsam über den Rücken abrollend auf die andere Seite drehen wollen, sollten wir dies ebenfalls langsam einüben und nicht gleich beim ersten Mail die komplette Rolle durchziehen. Voraussetzung dafür, dass es klappt, ist eine gute Vertrauensbasis zwischen Mensch und Hund. Ideal ist es, wenn er beim Wenden selbst mithilft, indem er die untenliegenden Extremitäten anhebt und so auf die andere Seite dreht.

- **Wiederholung und Festigung:** Wir wiederholen die Übungen regelmäßig und achten darauf, dass unser Hund in jeder Phase entspannt bleibt. Nach und nach verlängern wir die Zeit, die er in der neuen Position bleibt, und belohnen ihn für seine Geduld und Ruhe. Falls unser Hund Schwierigkeiten hat, sich in ungewohnter Umgebung zu entspannen, integrieren wir die Übung nach einem Spaziergang während einer ruhigen Zeit im Haus, bis sie gefestigt ist.

Fortgeschrittenen-Übung: Legen und tragen lassen

Mit dem Sich-legen auf der Decke haben wir schon einen großen Schritt in Richtung »Transport« getan. Das Sich-tragen-lassen machen jedoch die wenigsten Hunde einfach so mit. Sie sind uns ausgeliefert, bestimmen nicht selbst, wo es langgeht und wie. Ist der Hund in einer Notsituation mehr oder weniger bewegungsunfähig, wird er sich dem Schicksal leichter ergeben. Doch was machen wir, wenn er wach ist, aber wegen einer Verletzung eben nicht laufen sollte oder kann? Ist er das Getragen-werden nicht gewöhnt, wird er selbst dann versuchen, aufzuspringen und zu laufen. Wir stecken in einem Dilemma – denn wenn der Hund gesund und fit ist, ist seine Bereitschaft, auf einer Transportdecke liegen zu bleiben, in der Regel noch geringer, wenn wir sie hochheben. Daher heißt es: Gut Ding will Weile haben.

Wir müssen mit der Gewöhnung an die Decke beginnen. Haben Sie das bereits mit dem »Leg dich« -Signal eingeführt, müssen wir jetzt den Schritt des Auf-der-Decke-liegen-und-gehoben-werden üben. Die Decke sollte so stabil sein, dass wir sie mit 2 Personen anheben können und dann straff halten, ohne dass der Hund in der Mitte durchhängen würde (vorausgesetzt, der Hund hat ein für 2 Menschen anheb- und tragbares Gewicht). Zum Üben brauchen wir eine dritte, helfende Person, die den Hund lobt, beruhigt und nicht aus den Augen lässt, während die anderen 2 vorsichtig die Decke die ersten Zentimeter anheben. Die dritte Person kann auch die Signale geben: sowohl das zum Seitlich-hinlegen als auch das Auflösesignal dafür. Und zwar auch dann, wenn der Hund aufspringen sollte. Diese Person bleibt am Anfang dicht an der Decke und beim Kopf. Sie kann den Hund auch gerne berühren – alles, was ihn entspannt liegen lässt. Dann kommt das Anheben – und das sofortige Absetzen und Abbruchsignal, wenn der Hund versucht, aufzuspringen.

Üben Sie das nicht zu oft hintereinander – aber regelmäßig. Es kann beispielsweise eine Routine werden nach einem gemeinsamen Spaziergang, bevor der Hund wieder ins Auto einsteigt. Wir lassen ihn sich sammeln, beruhigen und auf der Decke absitzen, sich hinlegen mit Signal. Dann kommt das langsame Anheben. Jedes Mal ein bisschen weiter. Versuchen Sie, bevor der Hund aufspringt, das Signal selbst aufzulösen – und natürlich von Mal zu Mal die Hebehöhe und -zeit zu verlängern. Gelingt das in Grundzügen und bleibt er beim Anheben weiter liegen – können Sie zufrieden sein und es gut sein lassen. Übrigens ist das Vertrauen in Sie auch wichtig, wenn Hunde beispielsweise im Bollerwagen transportiert werden müssen – und dann auf der Seite liegenbleiben sollten. Die Übungen mit der Decke bereiten auch darauf vor. Bei allem Training darf der Spaß nicht zu kurz kommen. Für den Hund heißt das: Belohnung, welcher Art auch immer, gehört dazu. Und für Sie natürlich auch.

Foto: privat

Nadine Dapra, Tierphysiotherapeutin und -osteopathin mit mobiler Praxis im Raum Augsburg

www.nadine-dapra.de

Was Tier-Therapeuten sich wünschen, damit ein Besuch für Hund und Mensch entspannt und erfolgreich verläuft

Kein Tier-Therapeut kann gut arbeiten, wenn der Patient während einer osteopathischen oder physiotherapeutischen Behandlung gestresst ist. Dies gilt für Mensch und Tier gleichermaßen.

Mein Ansatz ist es, mit Training und Voraussicht dem entgegenzuwirken und grundsätzlich eine positive Einstellung zur Behandlung zu haben. Idealerweise sollte der Hund also für die Situation einer Behandlung, sei es eines Tierarztbesuchs oder eben auch einer osteopathischen Behandlung, trainiert sein. Um als Therapeutin den größten Entspannungsfaktor und somit gute Ergebnisse zu erzielen, ist es zudem wichtig, dass der Hund nicht unmittelbar vorher oder Tags davor sich einem unangenehmen Tierarztbesuch unterziehen musste, da dies doch oft negativ für das Tier behaftet ist und diese Gefühle mitunter mit in meine Behandlung nimmt.

Haben wir das geklärt, komme ich gerne zum wichtigsten Punkt überhaupt: Wir wünschen uns, dass die Leute nicht nur einmal üben, bis es halt gerade mal klappt, dass der Hund sich beispielsweise anfassen und halten lässt. Wir wünschen uns, dass sie es immer – und das meine ich auch so –, immer wieder üben, es in ihren Alltag einbauen. Damit es jederzeit abrufbar ist. Quasi etwas ganz Selbstverständliches wird, egal wo. Sodass der Hund also gar nicht in eine Stresssituation kommt, wenn wir ihn festhalten wollen, oder wenn er auf der Seite liegen soll und liegenbleiben – auch etwas Wichtiges.

Wie sieht nun gutes Training aus für diese Zwecke? Es gibt ein paar Dinge, die für einen entspannten und stressfreien Behandlungsablauf von Bedeutung sind. Diese Übungen kann wirklich jeder Hund lernen – und man sollte sie auch mit jedem Hund lernen. Ob er nun aus dem Auslandstierschutz kommt und ohnehin Probleme hat, sich anfassen zu lassen oder ob er schon Senior ist und das eine oder andere Wehwehchen hat, kein Grund sollte die Halter daran hindern, das Medical Training mit seinem Hund zu üben und in den Alltag einzubauen. Es ist wichtig, das Problem nicht zu vermeiden, sondern gerade dann zu üben und den Hund damit vertraut machen, dass es eben gar nichts Schlimmes ist und er es aushalten kann. Zur Bestärkung kann natürlich auch gerne das eine oder andere Leckerli eingesetzt werden.

Die Halteübungen sind von enormer Wichtigkeit, denn zum einen sollte man den Hund auch außerhalb einer Behandlungssituation in aller Ruhe abtasten können. Zum anderen ist das Halten am Kopf für mich als Therapeutin überaus wichtig, denn nur so kann ich am Körper des Hundes arbeiten. Auch wenn es mit Welpen noch schwierig ist – aber gerade dann ist es gut, das Üben nicht bleiben zu lassen. Ebenso gut ist es, wenn ich beim stehenden Hund die Pfoten anheben kann – oder noch besser, wenn der Hund sie selbst hebt. Ich habe das meinem Hund beispielsweise so beigebracht, wie man es auch bei Pferden macht: Ich tappe ihm an das jeweilige Bein und er hebt die Pfote. Das sollte übrigens nicht nur mit den Vorderpfoten gehen, wir üben das auch mit den hinteren. Wenn der Hund das nicht kennt, kann es schon einmal vorkommen, dass er sich mit seinem ganzen Gewicht draufstellt, wenn ich das Bein heben will. Je nach Masse ist dann nichts mit Pfote-anheben. Auch hier gilt: Wir wollen ein kooperatives Arbeiten mit dem Hund, denn es geht ja darum, ihm zu helfen.

Neben den Halteübungen können wir das entspannte Auf-der-Seite-Liegen und auch den Seitenwechsel immer gut für unsere Arbeit brauchen. Egal, wie man es nennt, ob man es mit einem Signal verbindet oder was auch immer: Auf der Seite liegen und bleiben kann eigentlich jeder Hund, vom Dackel bis zur Dogge, lernen und machen. Sie liegen ja auch sonst zuhause das ab und zu einfach flach auf der Seite. Jetzt muss man das nur noch mit einem Signal, einem Markerwort oder einer Geste verknüpfen und schon habe ich als Osteopathin einen ruhig liegenden Hund. Dann trainieren die Teams am besten auch noch, dass ich an den Bauch gehen darf und auch mal die Beine seitlich heben kann – und schon ist es perfekt.

Diese beiden Übungen sind nicht nur für meine osteopathische Behandlungen hilfreich. Sie nutzen uns auch bei der Fell- und Krallenpflege. Also sind sie wirklich Alltagsübungen, von denen Halter, Tierärzte und Therapeuten profitieren, wenn Hunde sie kennen und bereitwillig mitmachen. Ein schönes Beispiel war unser Hund Ferris, der erst mit 13 Jahren zu mir kam – und noch gelernt hat, dass man sich hinlegen und drehen kann, ohne dabei in Stress zu geraten. Mitleid mit dem eigenen Hund zu haben, macht so etwas schwieriger. Darum sollte man gerade solche Dinge mit Fleiß üben, bei denen der Hund vielleicht erst einmal zögerlich ist und sollte es für ihn mit positiven Erfahrungen verknüpfen. Mir ist eine entspannte Haltung beim Menschen genauso wichtig wie die Übungen mit dem Hund. Sie sollten sich nicht unnötig selbst verrückt machen, ob der Hund so oder so jetzt gut mitmacht oder irgendwas nicht mag – das überträgt sich sonst.
Ich arbeite seit 10 Jahren als Tierosteopathin und schaffe es, auch Tiere zu behandeln, die all das nicht können. Es macht meine Arbeit leichter und ich kann mehr anbieten, wenn meine Patienten mitmachen.

Zum Stichwort Maulkorb: Es sind aus meiner Erfahrung heraus viel weniger Hunde, die wirklich einen Maulkorb brauchen, wenn man sie untersuchen will oder behandeln muss. Die vielleicht 5 Prozent oder noch weniger sind Arbeitshunde oder Hunde, die von der Straße kommen, die wirklich besser mit Maulkorb – und zwar einem gut sitzenden, der mich schützt, aber ihnen genug Freiheiten lässt – behandelt werden. Maulschlaufe oder diese Netz-Bandagen lehne ich bei einer Behandlung komplett ab. Beim Tierarzt geht das schon einmal, da kann der Hund vielleicht maximal 10 Minuten damit gut auskommen. Wenn ich sie behandle, dauert das in der Regel deutlich länger. Und dann können die Hunde das Maul nicht aufmachen, damit nicht hecheln, auch nicht bellen, fühlen sich eingeengt. Was am wichtigsten ist: Ich kann sie nicht lesen! So etwas ist leider das Gegenteil von dem, was ich erreichen möchte: Die Hunde sollen sich entspannen, wirklich relaxed daliegen und sich darauf freuen, von mir behandelt zu werden. Und im Idealfall hinterher merken, wie gut es ihnen getan hat.

Gefährdungsvermeidung

Bevor wir mit unserem Hund ins Maulkorb-Training einsteigen, weil wir ihn NICHT ausschließlich für Behandlungen brauchen, müssen wir den für ihn exakt passenden finden. Lassen Sie bei der Auswahl sich von Informationen im Internet oder aus Gesprächen unter Hundebekanntschaften nicht verunsichern: die eine, für alle Hunde passende Lösung gibt es nicht. Wichtig ist, dass der Maulkorb für Ihren Hund zu dem Zweck passt, den er erfüllen soll und auch dazu, wie lange Ihr Liebling in zu tragen hat. Gut ist auch, wenn er sich einfach reinigen lässt. Denken Sie zudem daran: Je selbstverständlicher und lockerer Sie mit dem Thema Maulkorb umgehen, desto besser wird es auch Ihr Umfeld – und auch Ihr Hund (Stichwort Stimmungsübertragung) – akzeptieren. Haben Sie – am besten mit der Hilfe einer gut ausgebildeten Fachperson – den richtigen Maulkorb für Ihren Hund ausgewählt und angepasst, wird er diesen kaum spüren und wahrscheinlich sogar vergessen, dass er ihn überhaupt trägt.

Bitte nutzen Sie die Möglichkeit, mit Ihrem Hund das Modell oder die Modelle, für die Sie sich interessieren, anzuprobieren. Das ist zuhause möglich oder im Fachgeschäft (wo Sie sich bei Bedarf gleich Rat holen können, ohne Modelle hin- und herschicken zu müssen). So bekommen Sie auch ein Gespür für die verarbeiteten Materialien und dafür, ob Sie mit dem Hilfsmittel zurechtkommen. Maulkörbe sind in den unterschiedlichsten Ausführungen erhältlich – ob aus Metall, Kunststoff und Biothane oder Stoff und Leder. Geht es um darum, Beißvorfälle abzuwenden, kommen z. B. Metallmaulkörbe infrage (je nach Situation ist auch zu bedenken, wie weit die Streben voneinander entfernt sind), oder auch stabile Kunststoffmaulkörbe mit vernünftiger Passform. Ist ein Hund ein überaus ruhiger Zeitgenosse und muss nur wegen Vorschriften z. B. in einem Bus oder einer Bergbahn abgesichert sein, genügt auch ein Maulkorb aus Biothane oder Plastik. Von Maulschlaufen raten Expertinnen und Experten eher ab.

Ein richtig sitzender Maulkorb erlaubt es dem Hund, zu hecheln und frei zu atmen. Er scheuert nicht, drückt auch nicht in die Augen oder seitlich im Gesicht und liegt nicht direkt an der Nase an. Die Möglichkeit zur Wasseraufnahme sollte bestehen. Zu prüfen gilt auch, ob der Hund weiterhin gut sehen kann oder der Maulkorb sein Sichtfeld einschränkt. Wichtig ist natürlich ebenfalls, dass die Verschlüsse stabil sind, ob nun Klickverschlüsse verarbeitet wurden oder solche mit Dornen. Insbesondere sehr kleine Hunde oder solche mit sehr wenig Schnauze brauchen in der Regel eine Spezialanfertigung.

Anleitung für das Maulkorb-Training

Ziel: Unser Hund soll lernen, den Maulkorb freiwillig zu akzeptieren und zu tragen, ohne Stress oder Angst zu empfinden. Er soll ihn NICHT mit dem Tierarzt oder schmerzhaften Behandlungen verbinden.

Was Sie dafür einplanen sollten:

- **Dauer:** wenige Minuten pro Trainingseinheit
- **Häufigkeit:** anfangs täglich, später bei passenden UNTYPISCHEN Gelegenheiten
- **Materialien:** Leckerlis, Clicker (optional), Maulkorb, ruhige Umgebung

1. Maulkorb kennenlernen

- **Maulkorb präsentieren:** Wir halten den Maulkorb in einer Hand und lassen unseren Hund daran schnüffeln. Sobald er Interesse zeigt, klicken und belohnen wir ihn. Unser Hund soll den Maulkorb als etwas Positives wahrnehmen. Wenn er den Maulkorb ignoriert, legen wir ein Leckerli hinein, sodass er den Maulkorb mit einer Belohnung verbindet. Dies fördert die positive Assoziation.
- **Berührung akzeptieren:** Wir streichen sanft mit dem Maulkorb über die Nase und das Gesicht unseres Hundes. Dabei klicken und belohnen wir, wenn er ruhig bleibt. Unser Hund soll lernen, dass der Maulkorb keine Bedrohung darstellt. Wenn unser Hund nervös reagiert, können wir den Maulkorb neben ihm ablegen und ihn ermutigen, selbst Kontakt aufzunehmen, indem wir Leckerlis um den Maulkorb herumlegen. So kann er in seinem eigenen Tempo agieren.

2. Schnauze in den Maulkorb stecken

- **Leckerli durch den Maulkorb:** Wir halten ein Leckerli durch die Öffnung des Maulkorbs und ermutigen unseren Hund, seine Schnauze hineinzustecken, um das Leckerli zu holen. Wir klicken und belohnen ihn, sobald er dies tut. Wenn unser Hund zögert, können wir den Maulkorb in unsere Handfläche legen und ihn mit dem Leckerli durch den Maulkorb hindurch locken. Dies erleichtert den ersten Schritt.
- **Schnauze im Maulkorb halten:** Sobald unser Hund seine Schnauze in den Maulkorb steckt, verzögern wir die Belohnung ein wenig, sodass er lernt, seine Schnauze für eine kurze Zeit im Maulkorb zu halten. Wir klicken und belohnen ihn, wenn er seine Schnauze länger im Maulkorb hält. Zieht unser Hund die Schnauze sofort heraus, belohnen wir ihn für kürzere Zeiträume und verlängern diese schrittweise. So steigern wir langsam seine Toleranz.

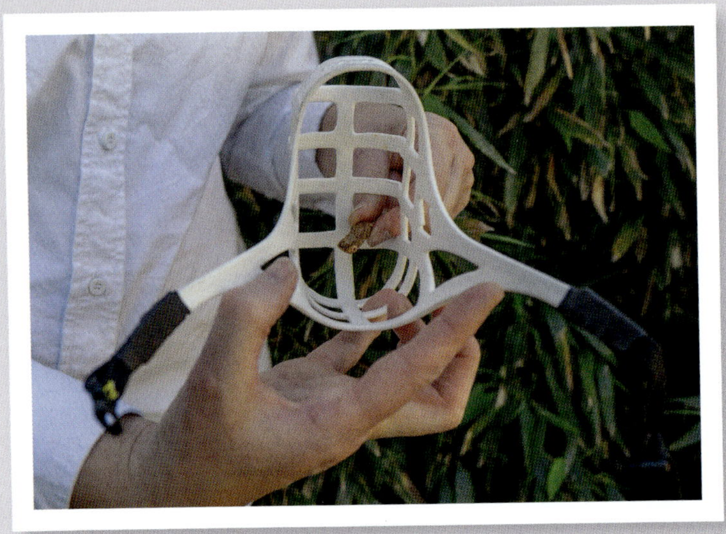

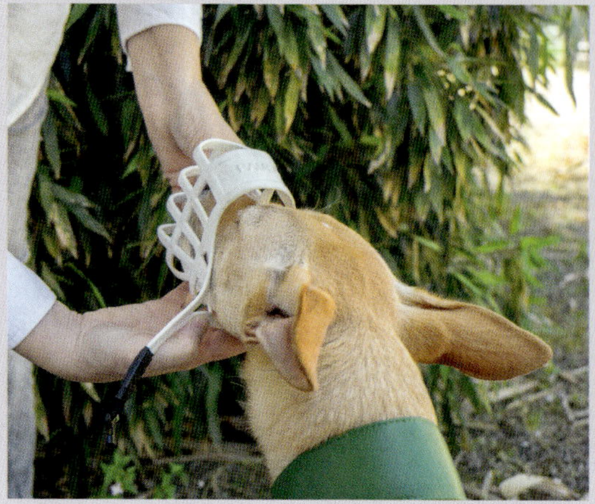

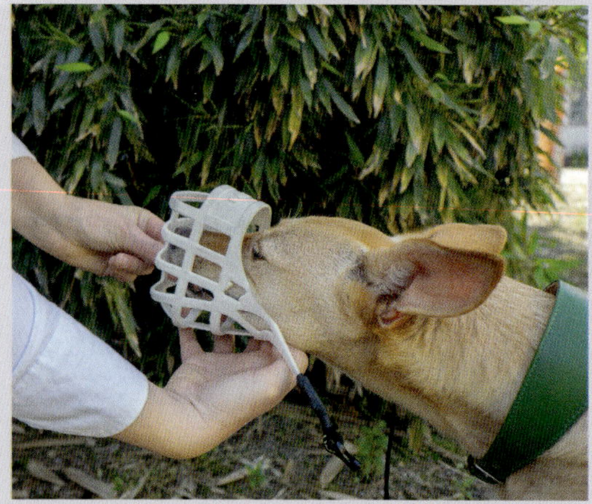

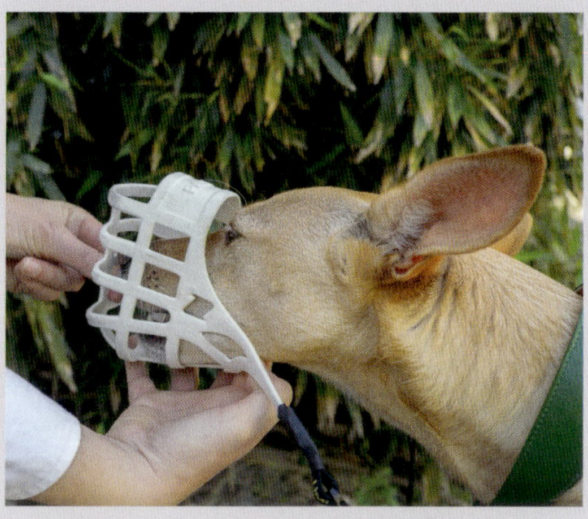

Das Gewöhnen an den Maulkorb sollte mit viel Geduld erfolgen und kann durchaus deutlich mehr Wiederholungen der einzelnen Schritte erfordern als andere Trainings. Lassen Sie sich Zeit beim Kennenlernen, Erschnuppern, Nase testweise Reinstecken und auch, bis Sie den Maulkorb das erste Mal schließen. Setzen Sie auf Freiwilligkeit! Sobald wir den Hund zwingen, indem wir ihn den Maulkorb einfach überstülpen, hat dieser sein schlechtes Image weg …

3. Maulkorb anlegen

- **Verschluss üben:** Wir führen den Maulkorb um die Schnauze und schließen den Verschluss, lassen ihn aber sofort wieder los und belohnen unseren Hund. Dies zeigt ihm, dass der Maulkorb kein dauerhafter Zustand ist. Wir klicken und belohnen ihn, wenn er ruhig bleibt. Falls unser Hund den Verschluss nicht mag, üben wir, den Verschluss in der Nähe seines Kopfes zu öffnen und zu schließen, ohne den Maulkorb anzulegen. Dies hilft, den Verschlussgeräuschen gegenüber desensibilisiert zu werden.
- **Maulkorb schließen und kurz halten:** Wir legen den Maulkorb wieder an, schließen den Verschluss und lassen unseren Hund den Maulkorb für ein paar Sekunden tragen, bevor wir ihn entfernen und belohnen. Wir klicken und belohnen ihn, wenn er den Maulkorb ruhig trägt. Akzeptiert unser Hund den Maulkorb nicht, belohnen wir ihn für jede kleine Annäherung an das Schließen des Maulkorbs und verlängern diese Zeit schrittweise.

4. Tragezeit verlängern

- **Schrittweise Verlängerung:** Wir lassen unseren Hund den Maulkorb für immer längere Zeiträume tragen, während wir ihn mit positiven Erfahrungen wie Spielen oder Leckerlis beschäftigen. Wir klicken und belohnen ihn regelmäßig, während er den Maulkorb trägt. Wenn unser Hund den Maulkorb länger trägt, ohne nervös zu werden, geben wir ihm besonders wertvolle Belohnungen, um das positive Erlebnis zu verstärken.
- **Ablenkungen hinzufügen:** Sobald unser Hund den Maulkorb in ruhigen Umgebungen akzeptiert, führen wir Ablenkungen ein, wie Spaziergänge oder Besuche beim Tierarzt. Wir klicken und belohnen ihn in jeder neuen Situation. Reagiert unser Hund unter Ablenkungen gestresst, reduzieren wir die Ablenkungen und üben in ruhigeren Umgebungen weiter, bevor wir die Ablenkungen schrittweise wieder erhöhen.

5. Maulkorb im Alltag integrieren

- **Alltägliche Aktivitäten:** Wir integrieren das Tragen des Maulkorbs in den Alltag, indem wir ihn in zunächst in verschiedenen häuslichen Situationen anlegen, wie z. B. beim Spielen, Füttern oder Kuscheln. Wir klicken und belohnen unseren Hund, damit er lernt, dass der Maulkorb Teil seines normalen Lebens ist.
- **Belohnung variieren:** Wir variieren die Belohnungen, um die Motivation unseres Hundes hochzuhalten. Manchmal verwenden wir besonders schmackhafte, selten gegebene Leckerlis, manchmal ein Spielzeug oder einfach intensives Lob. So bleibt das Training spannend und unser Hund bleibt motiviert.

Tipp: Lassen Sie sich Zeit mit den einzelnen Schritten. Wiederholen Sie sie ausgiebig und bis auch Sie die Schnauze davon voll haben, diesen einen Schritt immer und immer wiederabzurufen. Wenn wir hier etwas überstürzen und den nächsten Schritt erzwingen, hat der Maulkorb seinen schlechten Ruf beim Hund weg.

Individueller Maulkorb als »Entspannungsfaktor«

Schäferhund-Mix Loki, hier während eines Events, auf dem viele weiteren Hunde waren, trägt einen im Fachhandel auf seinen Kopf angepassten Maulkorb mit Metallstreben. Das Modell bietet dem Rüden viel Platz zum Hecheln. Außerdem kann er durch das »Gitter« Futter von seinem Frauchen annehmen. Die Nase stößt nirgends an und das Polster auf dem Nasenrücken bietet Schutz. Loki kommt mit dem Maulkorb so gut zurecht, dass er das Tragen sogar einfordert: Er stupst seine Halterin dann unterwegs dort an, wo sie den Maulkorb an der Hüfte transportiert.

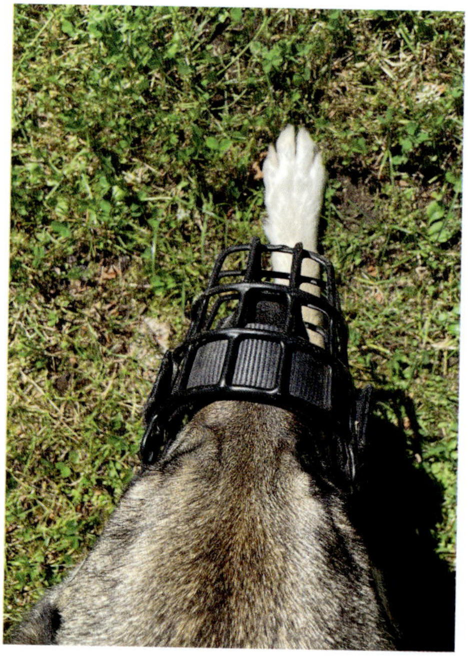

Mini-Exkurs: Kopfhalfter

Ein Kopfhalfter kommt aus Gründen der Sicherheit als passives Hilfsmittel vor allem bei sehr starken Hunden jenseits der 35 Kilogramm Körpergewicht zum Einsatz, da es das Kräfteverhältnis relativiert. Es erlaubt dem Menschen, das Tier sicher zu halten, wenn dieses z. B. aufgrund von Angst oder einer Aggressionsthematik sonst nicht zu halten wäre. Ein Kopfhalfter bietet die Möglichkeit der »doppelten Führung«, da die Leine sowohl am Kopfhalfter – entweder im Nacken oder unter der Schnauze – als auch am Rückenteil des Brustgeschirrs befestigt wird. Erhältlich sind Varianten mit losem und verstellbarem Nasenriemen, der zudem gepolstert oder ungepolstert sein kann.

Ein richtig sitzendes Kopfhalfter liegt auf dem knöchernen Nasenrücken auf. Es gibt Hunde, bei denen die gepolsterten Varianten weniger gut sitzen. Dann wird ein ungepolstertes Modell verwendet. Ähnlich wie bei einem Maulkorb ist ein Kopfhalter so auszuwählen und/ oder einzustellen, dass es dem Hund einschränkungsfreies Hecheln erlaubt. Allerdings handelt es sich bei einem Kopfhalter unter keinen Umständen um eine Alternative zum Maulkorb. Wird es falsch eingesetzt, ist das Risiko hoch, dass der Hund sich verletzt. Er muss unbedingt an das Tragen des Kopfhalfters gewöhnt werden; ein gezieltes Training ist nötig – auch für den Menschen, der die entsprechende Führtechnik zu erlernen hat.

In der Regel, das muss nochmals betont werden, sollte ein Maulkorb nicht als Strafe aufgebaut oder eingesetzt werden, er ist ein Hilfsmittel. Machen wir uns das bewusst und handhaben es auch so, fällt es allen leichter.

Kapitel

6

ÜBUNG KOMMT IM ALLTAG

Im Grunde genommen ist das beste Training eines, das keines ist. Also wenn wir etwas mit unseren Hunden machen, als wäre es das Normalste der Welt und wir das eigentlich immer machen könnten. Genau das ist bei vielen Übungen, die wir unter der Überschrift Medicial Training zusammenfassen können, der Fall. Oder anders gesagt: In unserem Alltag mit Hund haben wir so viele Routinen, die wir einfach nutzen können, um für den Besuch beim Tierarzt, der Tier-Therapeutin oder dem Hundefrisör vorbereitet zu sein. Ganz nebenbei helfen die vorbereitenden Übungen uns auch zuhause bei der Fell-, Krallen oder Zahnpflege.

Jetzt ist es also an uns, möglichst viele Übungen so in unseren Alltag einzubauen, dass sie sowohl eine gewisse Routine als auch uns und unserem Hund nicht langweilig werden. Denn etwas Spaß muss dabei sein, wenn wir uns mit ihm intensiv beschäftigen ...

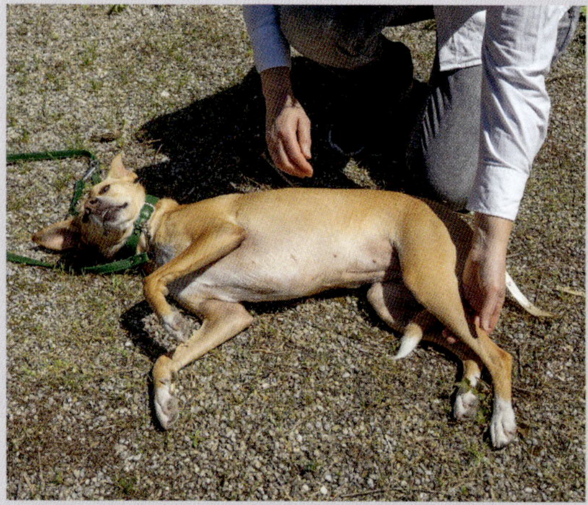
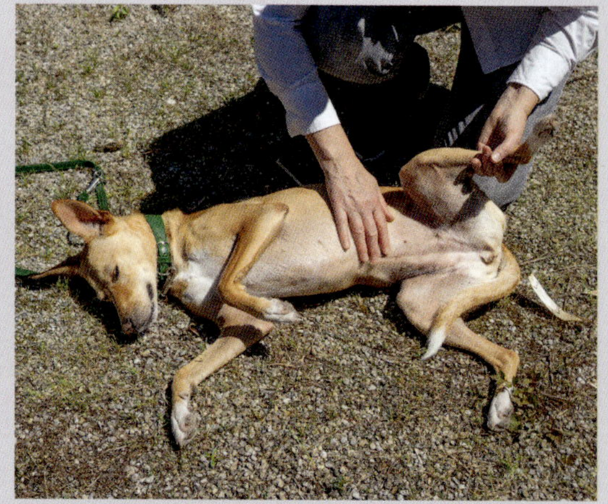
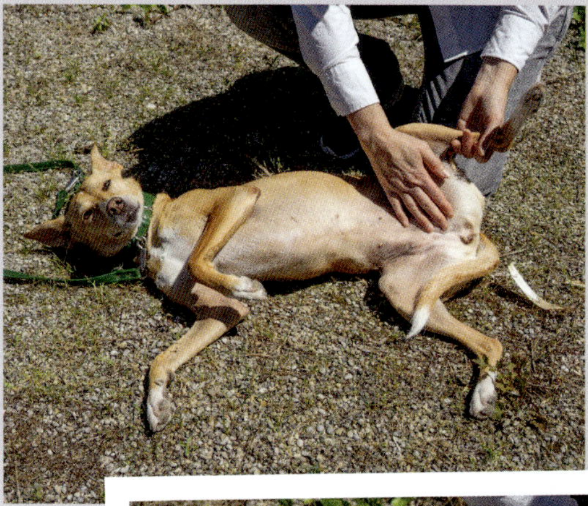
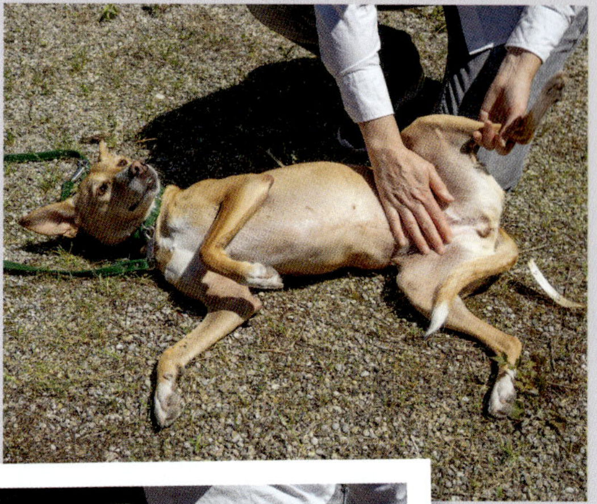
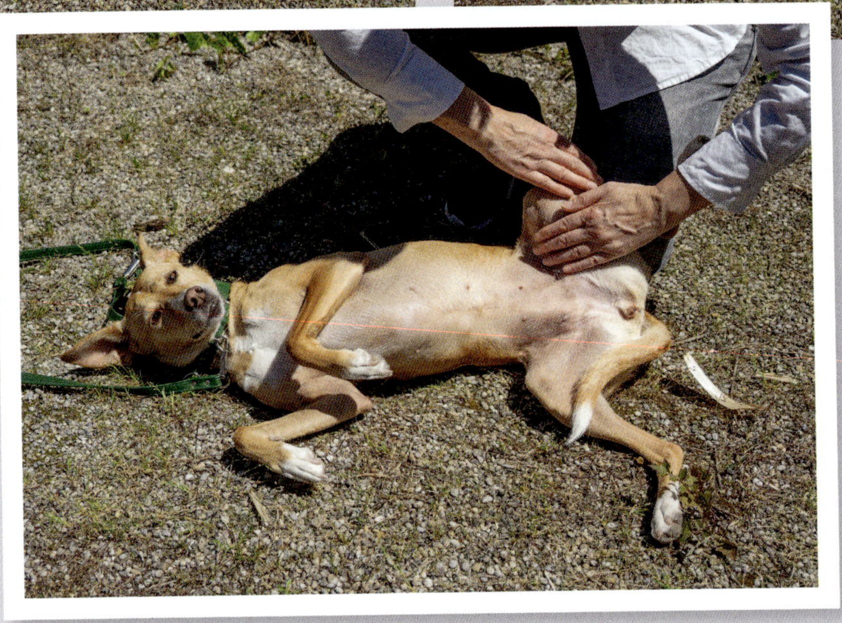

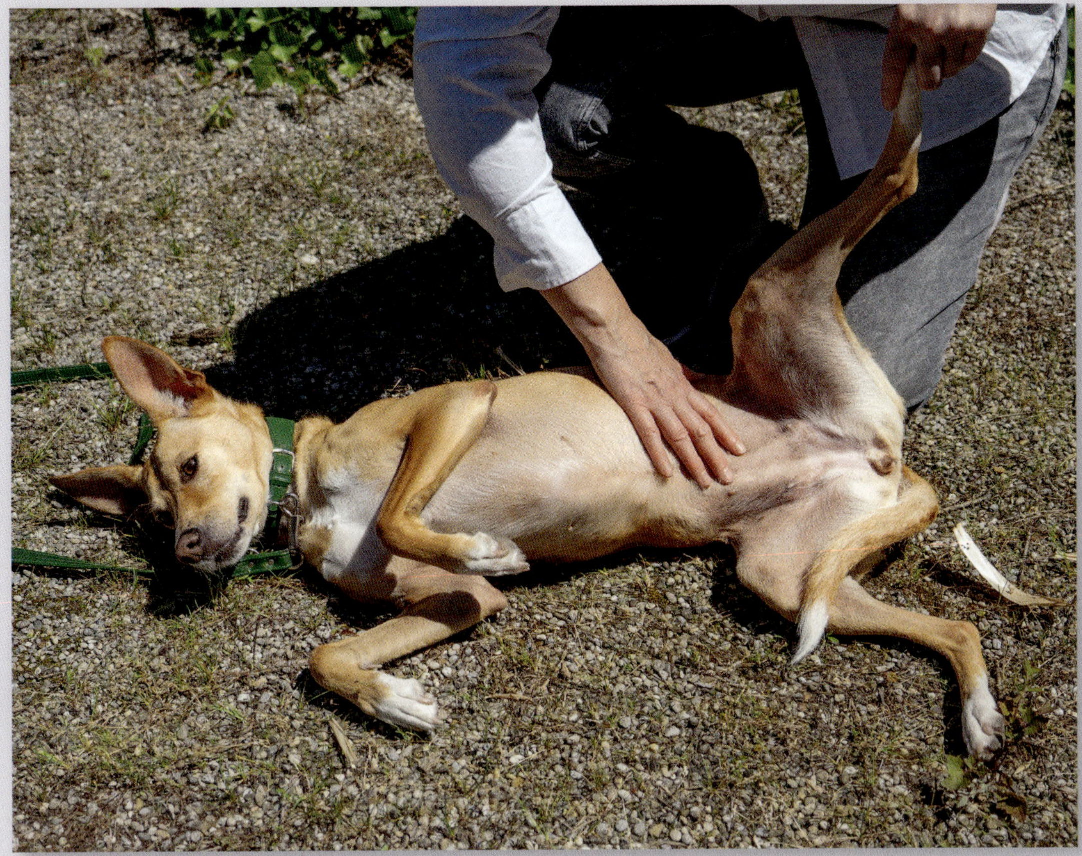

Entspannt auf der Seite liegen geht im Prinzip überall. Haben wir es ihm gut beigebracht, können wir sogar den Hund so zurechtlegen, dass wir seine Innenschenkel und den Bauch kontrollieren können, was er dann ganz entspannt mit sich geschehen lässt.

Fangen wir mit dem chilligen Faktor an, nämlich allem, womit wir dem Hund helfen können, sich entspannt einem kleinen Check einfach »hinzugeben«. Haben Sie mit Ihrem Hund ein Ritual, beispielsweise das gemeinsame abendliche Zusammensitzen bzw. -liegen, bei dem Sie den Hund sowieso schon ausgiebig kraulen und streicheln? Prima, dann können wir doch einfach dabei einen kleinen »**Brust-Bauch-Schenkel-Check**« einbauen. Er kostet kaum Zeit, fühlt sich für den Hund eher wie ein erweitertes Kraulen an, und ist trotzdem eine Übung, sensible Stellen jederzeit berühren zu dürfen. Sie sind unterwegs bei einem Spaziergang, machen Rast und der Hund liegt entspannt am Boden? Klasse, das geht dabei genauso. Auf der täglichen Liste können Sie dann einen Haken machen. Falls bei Ihnen zudem Zecken ein Thema sind, haben Sie gleichzeitig noch eine entsprechende Kontrolle gemacht.

Ebenfalls etwas zum Runterfahren ist für einige Hunde das **Striegeln**. Mithilfe einer weichen Bürste können wir unserem Hund das Fell sanft und langsam ausstreichen – von Nase bis Bauch und von den Beinen zu den Pfoten. Bei langhaarigen Hunden ist es gut, das dann zu machen, wenn nicht gerade die dicksten Knoten vom letzten Heckenausflug im Haarkleid sind. Doch in der Regel ist für Hunde mit mehr Fell das Bürsten sowieso im Alltag einfach eine Art **Wohlfühlmassage**. Anfangs können Sie mit dem Rücken und Bauch beginnen, letztlich sollte es aber möglich sein, den Hund überall so bürsten zu können. Bei längeren Behandlungen im Liegen bei Tierärztin oder Tierphysiotherapeut hilft uns das, unseren Hund schneller zum Entspannen und **ruhig liegenbleiben** zu bringen.

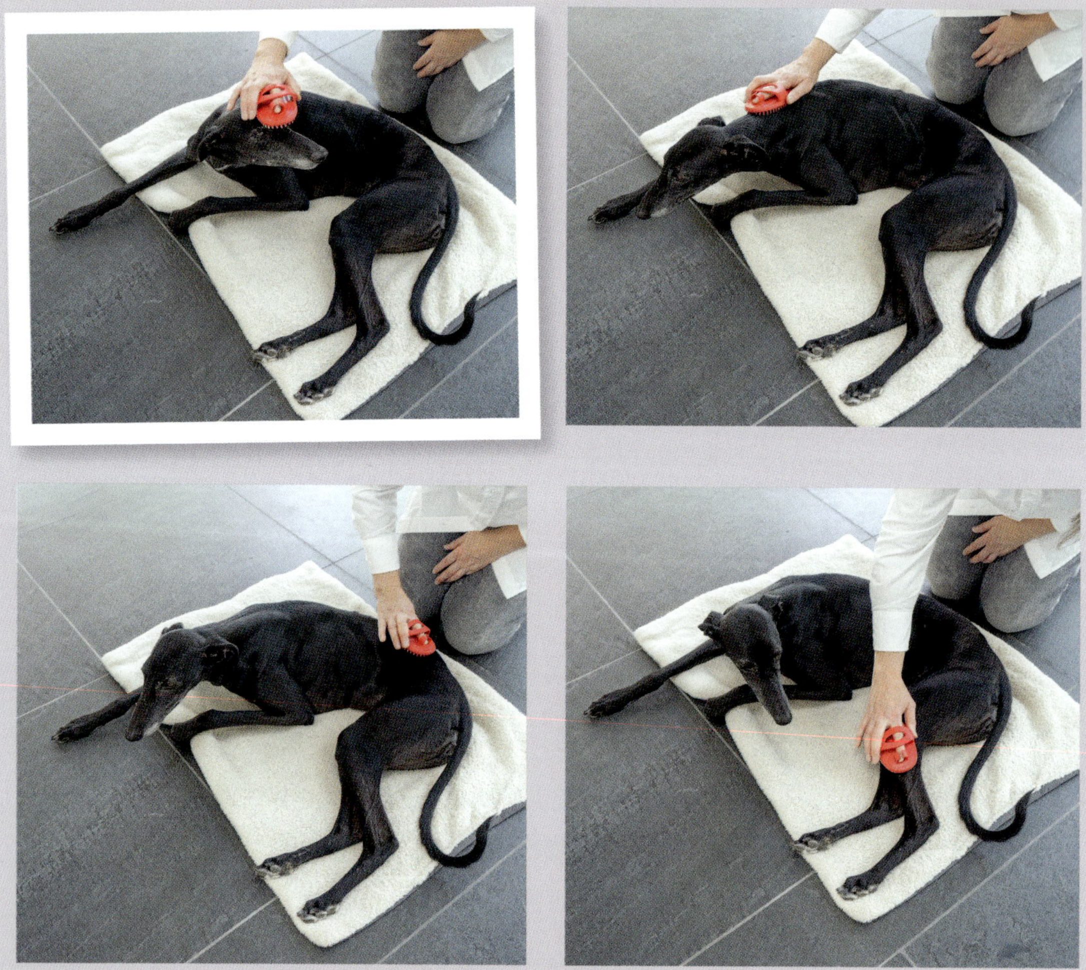

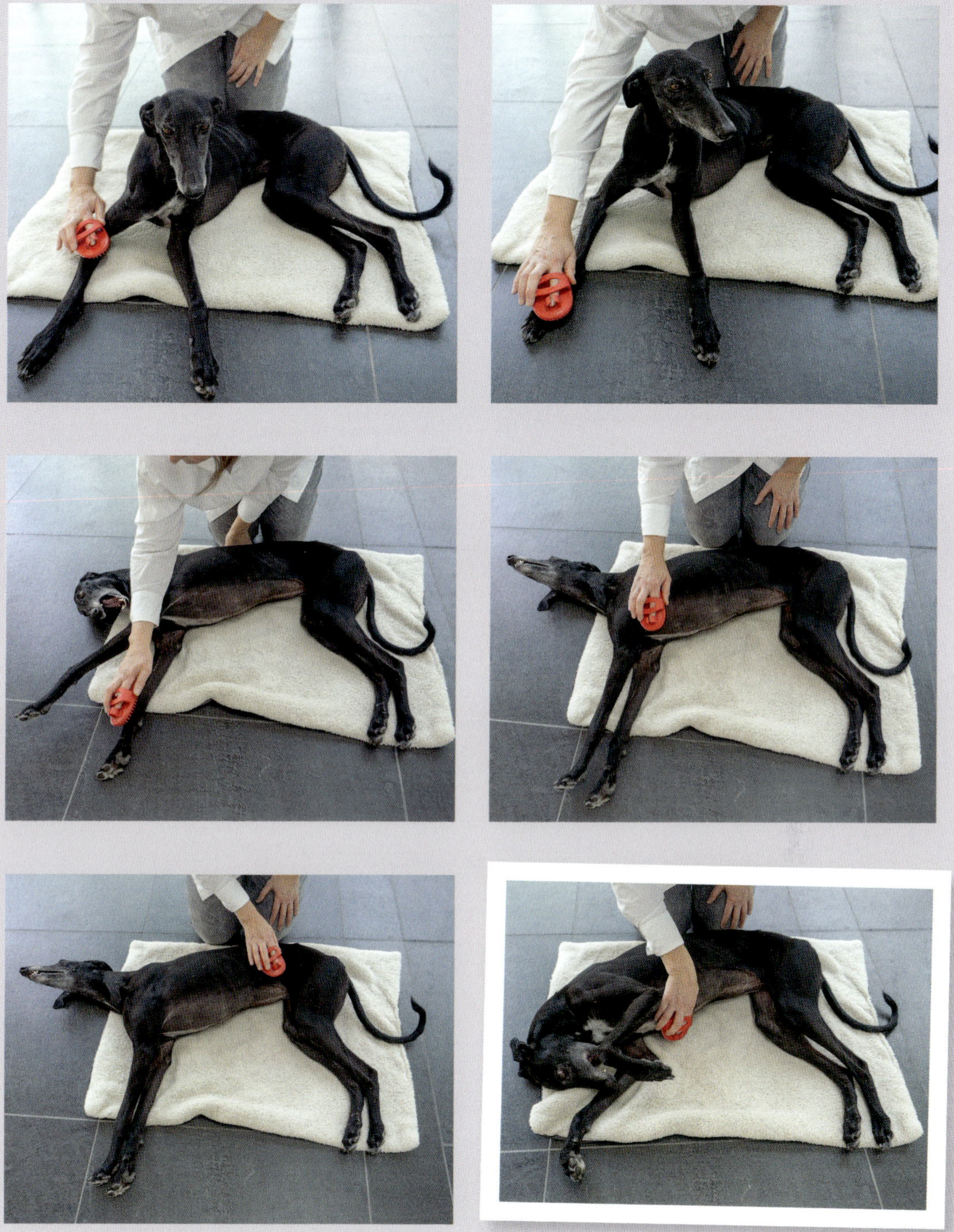

Bei einem noch etwas zu aufgeregten Hund können wir durch eine sanfte Bürstenmassage von Schnauze bis Pfote erreichen, dass er sich komplett hinlegen und entspannen kann.

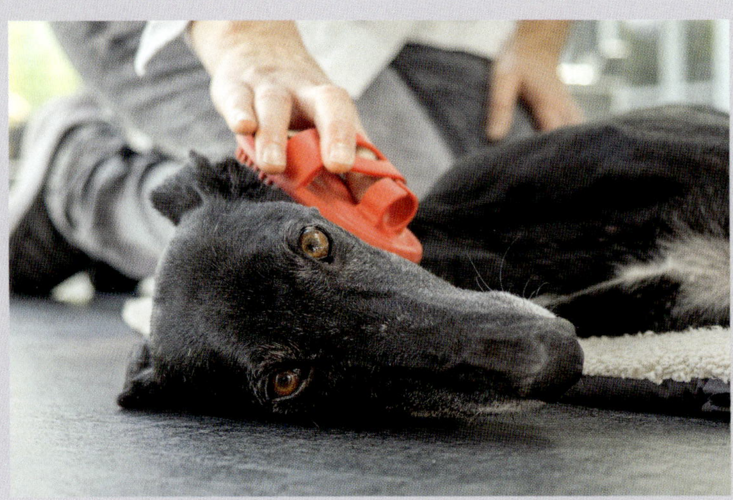

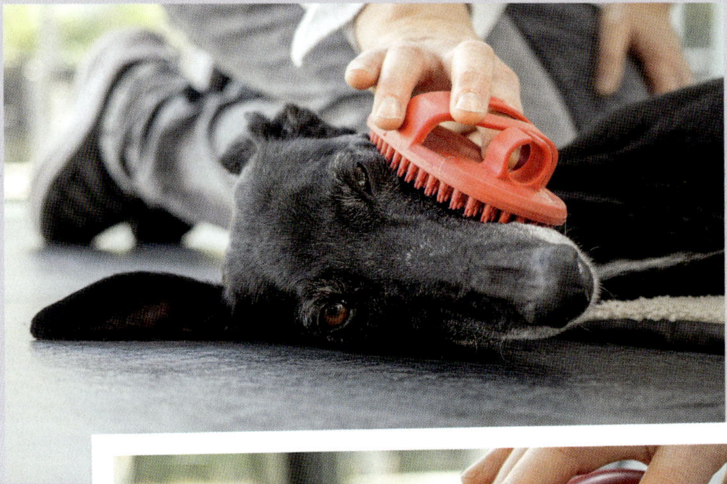

Entspannen lässt es sich am besten in einer ruhigen Umgebung, ohne andere herumlaufende Tiere und Menschen.

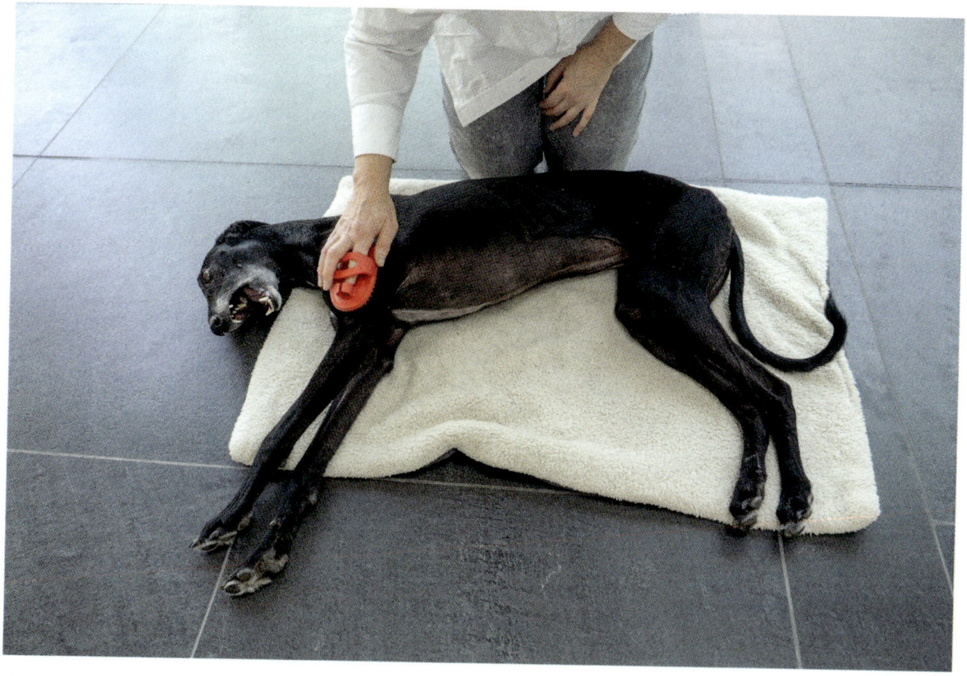

Mancher Hund zeigt seine Verzückung über eine Massage mit besonderen Gesten: Bei Galgo-Hündin Lora ist ein aufgesperrtes Maul und eine geparkte Zunge kein Stresszeichen, sondern völlige Entspannung!

Im Allgemeinen sollten wir unseren Hunden viele entspannende und angenehme Aktivitäten so oft wie möglich gönnen – es entspannt uns meistens genauso gut. Wer nicht so gerne bürsten mag, kann auch eine oberflächliche, kurze **Lymphdrüsenmassage** nutzen, um dem Hund etwas Gutes zu tun. Gleichzeitig mit dem Massieren üben wir die Berührung und das Manipulieren verschiedener Körperstellen. Beginnend unter den Augen auf den Lefzen arbeiten wir uns mit sanften Kreiselbewegungen weiter zur nächsten Lymphknotenposition am Hals. Weiter über die Vorderbeine, innen über dem Ellenbogen in der Achselhöhle ist unsere nächste Station. Alle Positionen bearbeiten wir mit einigen Kreiselbewegungen und gehen dann sanft über den Körper streichend zur nächsten Stelle weiter. Wieder geht es auf die Innenseite, diesmal zu den Leisten – und von dort dann an eine Stelle, der Sie ein bisschen mehr Aufmerksamkeit schenken dürfen: außen, zwischen Rute und Kniegelenk liegend.

Sind wir mit unserer Massage hier angekommen, haben wir einen Hund vor uns, der sich wohl fühlt. Diese Situation können Sie unterwegs oder auch zuhause gut nutzen, und **heben** jetzt einmal kurz **die Rute**. Dabei sollten Sie keinen Widerstand spüren. Klappt das? Perfekt, wieder

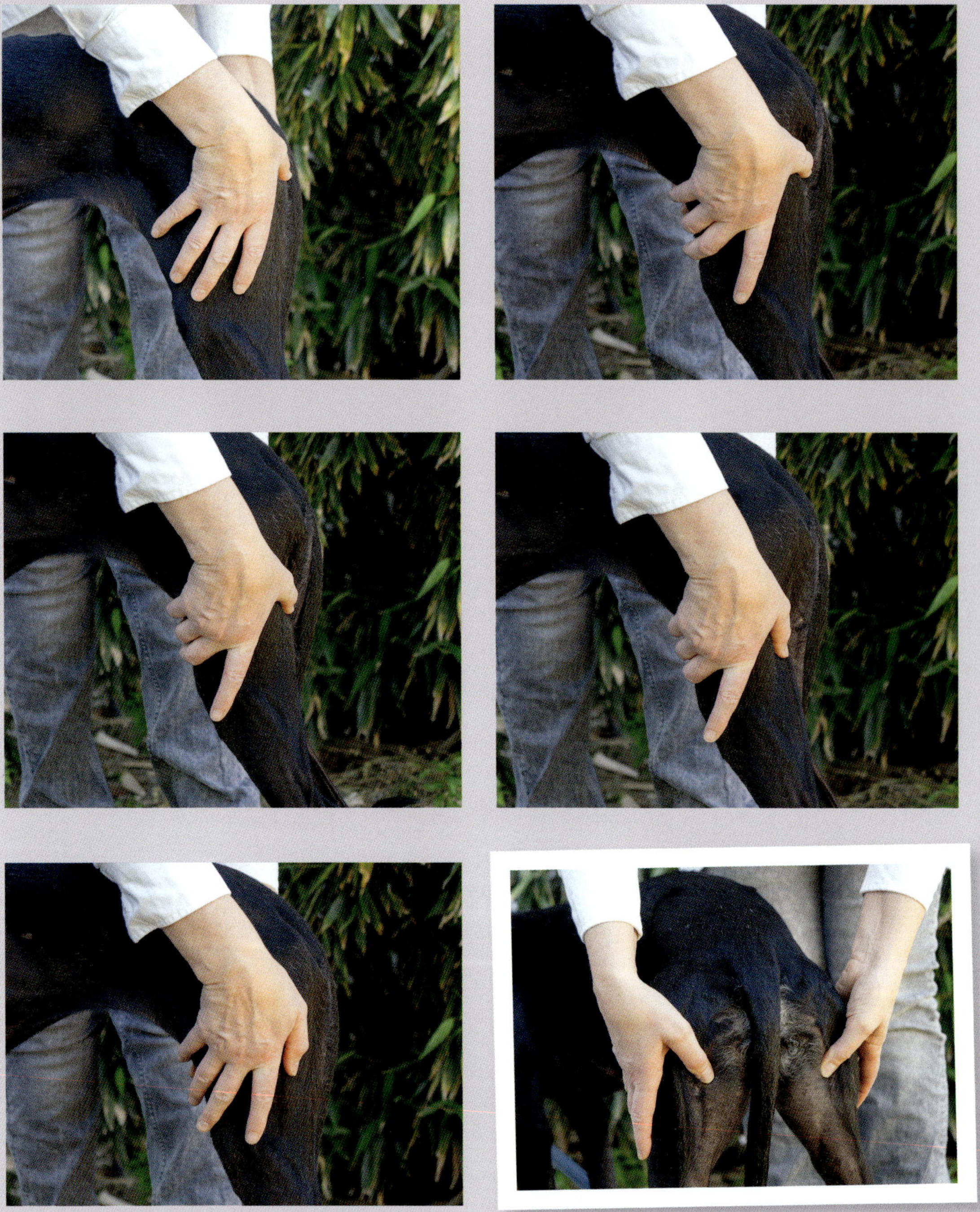

Kommen wir bei der Lymphknotenmassage an die Hinterbeine, können wir bereits die Muskulatur auch oberhalb etwas locker mit massieren. Haben wir die eigentliche Position der Lymphknoten (leicht hinten außen, zwischen Rutenansatz und kurz oberhalb des Kniegelenks gelegen) erreicht, können wir mit einer Hand einmal kurz die Rute anheben und so schon für ein Fiebermessen vorarbeiten.

ein Haken auf der Liste! Vergessen Sie nicht, bevor Sie jetzt aufhören wollen, sich mit einer kleinen Geste, einem zusätzlichen Streicheln über den Rücken beispielsweise, bei Ihrem Hund für die Kooperation zu bedanken.

Alternativ bietet sich bei intakten Rüden an dieser Stelle auch ein kurzer **Hoden-Check** an – in der Regel ist auch das jetzt, nach so einem Wohlfühlmoment, dem Hund kein Wimpernzucken wert. Sollte Ihr Hund empfindlicher sein, kann das auch bei einem entspannten Liegen passieren. Hier schließen Sie dies einfach an ein Bauchkraulen an: So sind die 2 Sekunden für ihn kaum separat wahrnehmbar. Machen Sie weiter mit einem freundlichen Streicheln und schon ist es die einfachste Nebensache für Sie beide.

Gelegentliches Fühlen, ob Größe und Temperatur der Hoden passen, können wir immer dann, wenn eigentlich gerade alles ganz langweilig für den Hund ist.

Etwas, das sich ganz von alleine in den Alltag einfügt, ist sicherlich die **Pfotenkontrolle**: Wie oft müssen wir sie abputzen, weil es regnet, der Hund durch Matsch oder Streusalz gelaufen ist oder ähnliches. Das geht in der Regel nur mit Anfassen. Machen wir doch etwas für beide Seiten Positives daraus, statt unseren Hund unvermittelt anzupacken und die Pfoten gegen seinen Widerstand zu uns zu ziehen und abzuwischen. Lassen wir ihn uns seine Pfote geben! Wenn wir hier auf Kooperation setzen wollen, sollten wir natürlich nicht immer nur dann die »Pfote« fordern, wenn wir sie putzen oder gar noch die Krallen schneiden wollen ...

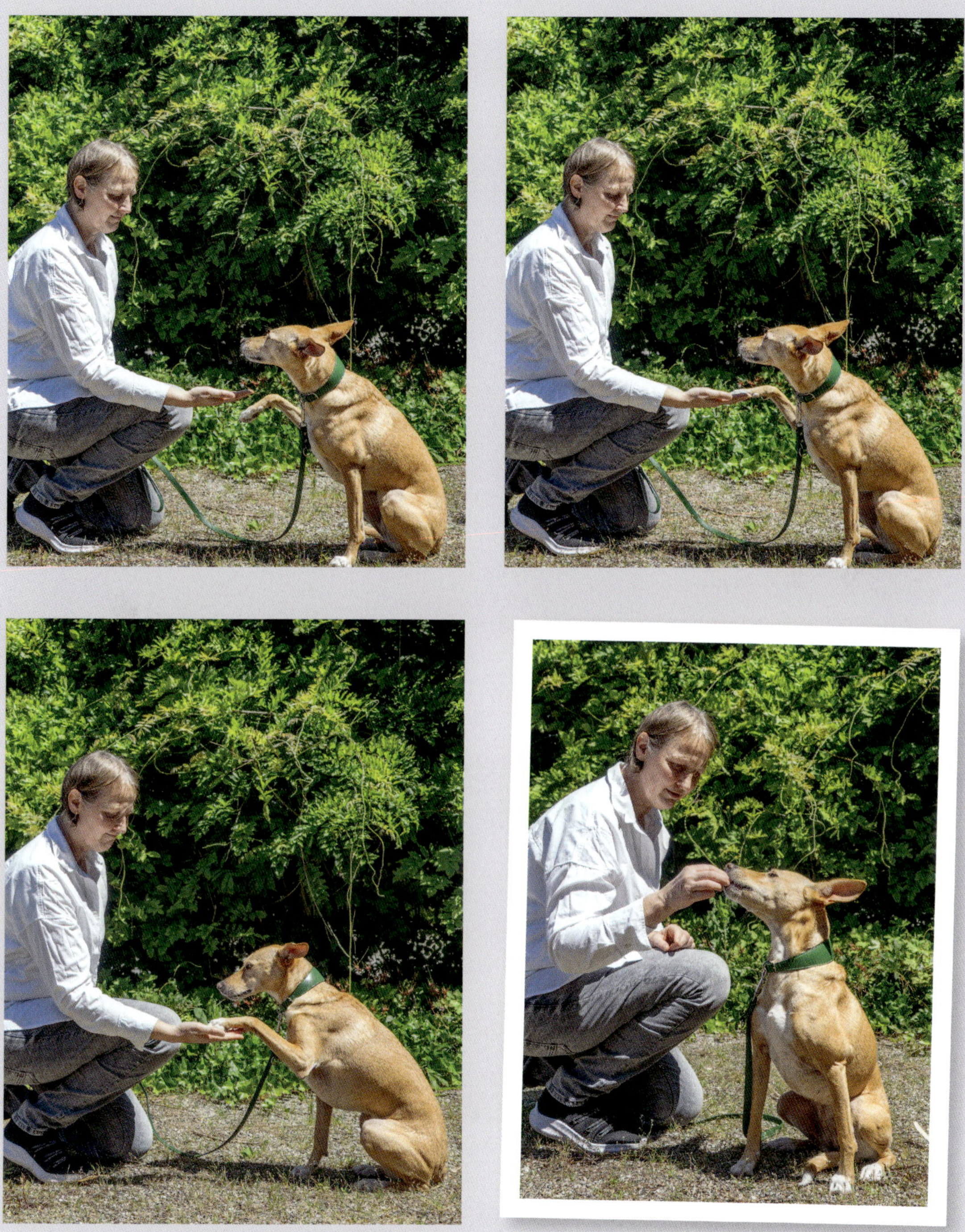

Gelegentlich beim Spaziergang sich einfach mal die Pfote geben lassen, sie kurz halten und dann wieder freigeben, ist eine Übung, die wir immer machen können, ohne dass sie sich abnutzt. Die richtige Motivation beim Hund und Bestätigung, dass er etwas gut gemacht hat, sind unsere Ziele.

Müssen Krallen gekürzt werden, ist Vorsicht gefragt. Ein kleines elektrisches Schleifgerät erlaubt feineres Kürzen.

Anleitung für die kooperative Pfotenkontrolle

Ziel: Unser Hund soll lernen, alle 4 Pfoten freiwillig zu heben und zuzulassen, dass wir sie berühren und untersuchen können. Dies ist besonders nützlich für die Pflege ebenso wie tierärztliche Untersuchungen.

Was Sie dafür einplanen sollten:

- **Dauer:** wenige Minuten pro Trainingseinheit
- **Häufigkeit:** täglich, kann ins alltägliche Programm aufgenommen werden
- **Materialien:** Leckerlis, Clicker, ruhige Umgebung

1. Vertrauen und Akzeptanz aufbauen

- **Sanfte Berührung:** Wir beginnen damit, unseren Hund beim Streicheln auch an seiner Pfote zu streicheln und loben ihn dafür, dass er sie uns lässt. Wir klicken und belohnen ihn, wenn er ruhig bleibt.

- **Spielerische Pfotenberührung:** Wir machen daraus ein Spiel, indem wir seine Pfoten leicht antippen und sofort danach loben, klicken und belohnen. Dies wiederholen wir mehrmals täglich.

2. Pfoten heben üben

- **Schrittweises Heben:** Wir tippen leicht auf den Vorderlauf unseres Hundes, direkt über der Pfote. Sobald er seine Pfote hebt, klicken und belohnen wir ihn.
- **Verlängertes Heben:** Nach und nach verlängern wir die Zeit, die unser Hund seine Pfote in der Luft hält, bevor wir klicken und belohnen.
- **Beide Vorderpfoten:** Wir wiederholen diesen Schritt für beide Vorderpfoten, bis unser Hund auf das Tippen zuverlässig reagiert und seine Pfote hebt.

3. Einführung eines Signals

- **Signal einführen:** Sobald unser Hund seine Pfote hebt, wenn wir sie antippen, fügen wir ein Signal wie »Pfote« hinzu, unmittelbar während wir die Pfote antippen.
- **Loben, Clicker und belohnen:** Wenn unser Hund auf das Signal hin seine Pfote hebt, klicken wir, loben ihn und geben ihm ein Leckerli.
- **Üben:** Diesen Schritt üben wir für mehrere Tage in kurzen Einheiten und nicht zu oft hintereinander.

4. Hinterpfoten einbeziehen

- **Hinterpfoten antippen:** Wir wiederholen die Schritte 2 und 3 für die Hinterpfoten. Dabei tippen wir leicht auf den Hinterlauf unseres Hundes und belohnen ihn, wenn er seine Pfote hebt.
- **Verlängertes Heben:** Auch hier verlängern wir schrittweise die Zeit, die unser Hund seine Hinterpfote in der Luft hält, bevor wir klicken und belohnen.
- **Signal einführen:** Wir fügen ein Signal wie »Hinten« hinzu, unmittelbar bevor wir die Hinterpfote antippen. Wir belohnen unseren Hund, wenn er auf das Signal hin die Pfote hebt.

5. Alle Pfoten nacheinander heben

- **Kombination der Signale:** Wir üben, alle 4 Pfoten nacheinander auf Signal zu heben. Wir beginnen mit den Vorderpfoten und gehen dann zu den Hinterpfoten über.
- **Loben, Clicker und belohnen:** Für jedes erfolgreiche Heben der Pfoten klicken wir, loben und belohnen unseren Hund.
- **Verlängertes Halten und Untersuchen:** Nach und nach verlängern wir die Zeit, die unser Hund seine Pfote in der Luft hält, und beginnen, die Pfote sanft zu untersuchen, während wir ihn weiter loben und belohnen.

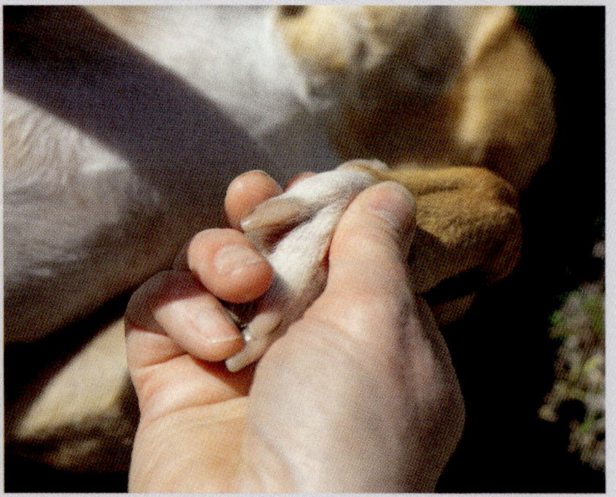

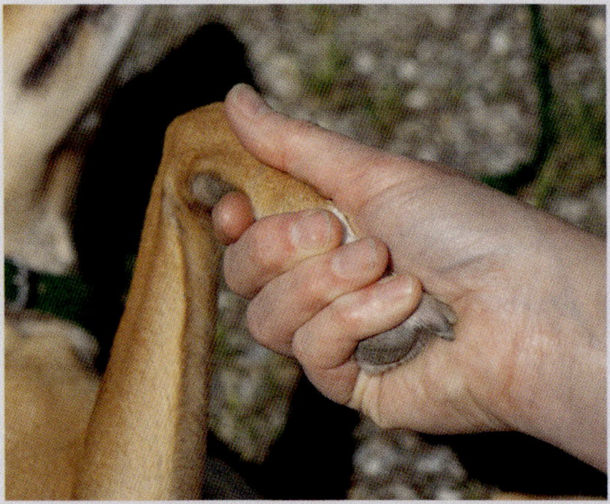

Neben dem Pfoten-umschließen üben wir auch, zwischen den Zehen nach Verletzungen oder festgeklemmten Fremdkörpern zu schauen. Wir freuen uns darüber und loben den Hund, wenn er uns geduldig gewähren lässt und die Pfote nicht wegziehen will.

- **Erweitern:** Eine Verlängerung ist das Anschauen der Zehenzwischenräume, für die wir diese ein wenig spreizen, schauen und dann wieder loslassen. Die zweite Erweiterung ist der Check der Ballen und Ballenzwischenräume.

6. Generalisieren

- **Unterschiedliche Positionen:** Wir üben das Pfotenheben in verschiedenen Positionen und Umgebungen. Das Ziel: Der Hund lernt, die Bewegung unter verschiedenen Bedingungen auszuführen.
- **Ablenkungen einführen:** Nach einigen Tagen fügen wir Ablenkungen hinzu, wie z. B. andere Personen oder Geräusche, und wiederholen die Übung.

Sind wir schon einmal an den Pfoten zugange, können wir auch gleich noch eine kleine Aufklärungseinheit zum **Krallenkürzen** einfügen: Je höher die Zehen ansetzen und entsprechend »leichtfüßiger« der Hund läuft, umso seltener reicht der natürliche Abrieb der vorderen Krallenpartie aus. Spätestens, wenn die Hunde auf Parkett oder Steinfußboden laufen, und wir sie klicker-klacker daherkommen hören, merken wir das. Ob Sie die Krallen Ihres Hundes schleifen oder knipsen, um sie auf die passende Länge zu kürzen, bestimmen Sie selbst: Es gibt nicht die eine Methode. Sie und Ihr Hund müssen damit zurechtkommen und das Ergebnis muss passen. Viel wichtiger ist, dass beide Methoden mit Werkzeugen ausgeführt werden, die den Hund nicht verletzen oder auch nicht so stumpf sind, dass die Krallen aufsplittern.

Wenn die Pfoten – wie bei unseren Beispielen – sehr hoch sind, dauert es deutlich länger, bis die nachwachsenden Krallen zu lang werden. Bei weißen Krallen ist das Leben besser zu erkennen, schwarze Krallen erfordern etwas Übung.

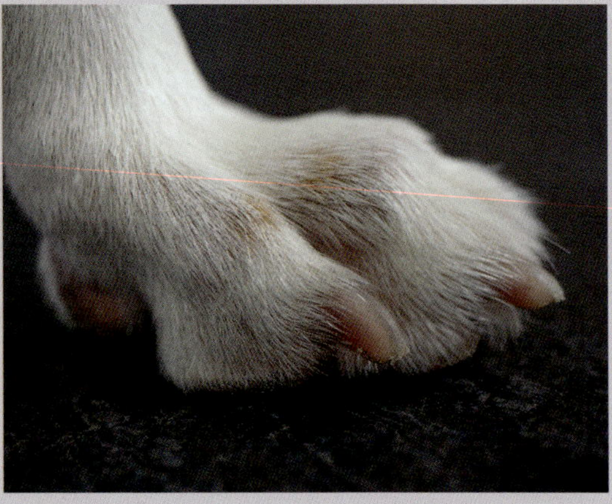

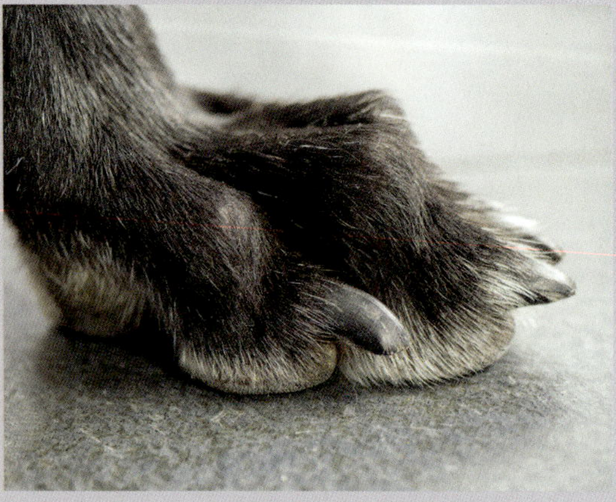

Mini-Übungseinheit: Zehen-Pflege

- **Zehen anschauen:** Zunächst geht es darum, die Pfoten nach und nach alle einzeln zu nehmen und dabei die Zehen auseinanderspreizen zu dürfen. Kurz angeschaut, legen wir sie wieder ab.
- **Gerät bekanntmachen:** Funktioniert das, sollten Sie – je nach Sensibilität und Sichtbarkeit der Nervenenden – entweder die Krallenzange oder den Krallenschleifer einführen. Es gilt: erst einmal zeigen.
- **Erster Kontakt:** Ein Dremel/Schleifgerät macht ein wenig Krach, dieser sollte daher auch erst einmal als Trockenübung nur in die Nähe gebracht und eingeschaltet werden. Klappt das, geht es im zweiten Schritt daran, eine Zehe zu bearbeiten.
- **Zehe für Zehe:** Nehmen Sie sich nicht vor, alle Zehen an allen Pfoten auf einmal zu kürzen. Starten Sie, indem Sie es mit einer Zehe ausprobieren und danach belohnen. Achten Sie darauf, nicht zu nah an den Nerv zu kommen. Bei hellen Krallen ist das einfacher zu sehen, bei dunklen sollten Sie nur so weit kürzen, dass die Krallenunterseite noch »offen« ist. Dieser Bereich ist weicher von unten – von dem Bereich, wo die Außenlinien der Kralle wieder zusammenkommen, sollten Sie beim Kürzen ausreichend Abstand halten.

Exkurs: Schuhe als Schutz

Insbesondere für Rettungs-, Militär- und Sporthunde ist ein guter Schutz der Pfoten und Ballen wichtig. Aber auch für ganz »reguläre« Vierbeiner sind Schuhe oder Socken, oft als »Booties« im Fachhandel zu finden, auf manchen Wanderstrecken oder nach Pfotenverletzungen hilfreich. Sie schonen darüber hinaus die Füße, wenn der Boden im Sommer zu heiß wird und im Winter vereist oder viel Split und Salz gestreut wurde. Wichtig: Der Pfotenschutz muss richtig passen. Welche Größe die richtige für Ihren Hund ist, finden Sie mithilfe eines Maßbandes heraus. Das legen Sie auf den Boden und lassen den Hund darauf stehen. So können Sie ermitteln, wie breit seine Pfote im belasteten Zustand ist. Die Booties müssen nämlich den Zehen genug Raum geben, dürfen dabei aber nicht so weit sein, dass der Hund auf die Booties tritt. Manche Modelle lassen sich mit einer Befestigungsmöglichkeit so schließen, dass die Schuhe/Socken gut sitzen, ohne zu rutschen. Gehört Ihr Tier zu denen mit sehr schmalen Fesseln und Pfoten, lohnt sich eventuell die Wahl eines Modells mit 2 Verschlüssen. Achten Sie also darauf, die richtige Passform für Ihren Liebling zu wählen. Ein weiterer wichtiger Punkt: das Material. Je nachdem, welchem Zweck Booties dienen sollen, unterscheidet sich das. Es gibt Optionen für Schotter, Asphalt und natürlich Schnee. Die meisten Hunde finden es erst einmal etwas seltsam, einen Bootie oder gleich mehrere zu tragen. Das führt mitunter zu seltsam-staksigen Bewegungsmustern und hochgezogenen Beinen. Passen die Schuhe korrekt, ist das bald vergessen. Aber auch hier gilt: Machen Sie Ihren Hund mit dem Zubehör behutsam vertraut. Öffnen Sie die Verschlüsse ruhig in seiner Gegenwart, damit das Geräusch als ungefährlich abgespeichert werden kann. Sie haben das Anfassen und Abtasten der Gliedmaßen und Gelenke sowie Pfoten und Ballen bereits geübt? Dann wird es Ihnen und Ihrem Hund leichter fallen, ihm die Booties anzuziehen. Üben Sie auch hier erst einmal zuhause, bevor es auch mal während eines Spazierganges heißt: Schuhe an!

Schnauze festhalten, die Zweite

Das Schnauze-festhalten-können haben wir ja bereits in Kapitel 5 eingeführt, doch es empfiehlt sich, es auf jeden Fall als etwas super Normales zu etablieren – so oft, wie wir es brauchen können für Behandlungen. Das fängt mit Augentropfen an, geht über das Entfernen von Zecken am Kopf bis hin zu tierärztlichen Untersuchungen oder Spritzen und nicht zuletzt Besuchen beim Tierphysiotherapeuten. Es sollte daher unbedingt auf unserem Spaß-Übungs-Programm stehen!

Wir beginnen daher auch wirklich mit dem Kurzprogramm, unterwegs, beiläufig, bevor wir dies gezielt ausbauen.

Anleitung für die Spaß-Variante im Alltag

- **Kurze Übung beim Spaziergang:** Gelegentlich während eines Spaziergangs oder beim Spielen fassen wir kurz die Schnauze unseres Hundes oder legen seine Schnauze in unsere Hände und zeigen ihm durch verbales Lob und Freude, dass er es gut gemacht hat. Dies zeigt ihm, dass die Übung keine Bedrohung darstellt und Teil des alltäglichen Spaßes sein kann.
- **Alternative Methode:** Wir können ihn auch dank vorher eingeführtem Tricktraining mit Kinn-Target ermutigen, seinen Kopf in unsere Hände zu legen, und ihn durch Lächeln und liebevolle Worte loben, ohne Leckerlis zu verwenden. Dies schafft auch eine positive Erfahrung.
- **Achtung, dies ist eine Übung ohne Leckerlis!** Wir üben das Schnauze-umfassen und Kopf-in-die-Hände-legen ohne Leckerlis, damit wir hier keine Erwartungshaltung schüren und, ganz klar, weil wir es in der Alltagsroutine einfach so kurz und kurzweilig gestalten, dass ein Leckerli dafür tatsächlich gar nicht nötig ist. Zudem lernt unser Hund dabei auch zu verstehen, dass nicht jede Übung eine Futterbelohnung hat, sondern er genauso gut durch unsere Reaktion und Verhalten belohnt wird.

Foto: privat

Nadia Winter, Hundeverhaltensberaterin und Trainerausbilderin, Minddog®-Trainerin und -Ausbilderin,

www.minddog.training

Jeder kann mit seinen Hunden Medical Training machen, egal ob jung und Welpe oder alt und Tierschutzhund aus zweiter Hand etc. – denn die Übungen sind viel mehr als Vorbereitung auf den Tierarztbesuch. Die wichtigsten Aspekte und Maßnahmen im Überblick.

Wenn ich gefragt werde, was denn wichtig ist als Training, damit Mensch-Hund-Teams einen Tierarztbesuch stressfreier absolvieren können, schaue ich mir immer erst einmal die Beziehung der beiden an: Denn nicht immer ist es wirklich der Hund, der Übung braucht – oft müssen wir erst einmal den Menschen beibringen, die ganze Situation anders zu sehen.

Natürlich gibt es Anforderungen wie: den Hund fixieren können, eventuell beim Tierarzt, also ihn so festhalten können, dass er sich auch problemlos eine Spritze geben lassen kann. Auch Zähne oder Krallen bearbeiten sind dann eher möglich, ohne dass der Tierarzt den Hund sedieren muss, um ihn zu behandeln. Dann kommen allgemein Berührungen, Untersuchungen dazu, die ohne Stress ablaufen sollten. Am einfachsten ist das, wenn man »Übungen« bzw. einfach Handlungen so im Alltags-flow mit erledigt, am besten, dass man das wirklich jeden Tag macht. Also, ich habe meine Hunde jeden Tag in der Hand. Ich gucke mir sang- und klanglos die Ohren, die Zähne an, nehme einmal eine Pfote in die Hand. Das passiert unabhängig vom Ort – also auch unterwegs, ich mache das einfach nebenbei.

Es ist natürlich schön, wenn man das vorher gelernt hat mit einer gewissen Ansage. Ich war ja auch sehr lange Prüferin für den Hundeführerschein. Da habe ich z. B. sehr gerne gesehen, wenn die Teams den Hund nicht einfach nur so berührt haben. Ich finde das auch beim Menschen unfreundlich. Wir kennen das vielleicht auch alle, wenn man zum Arzt geht und dann einfach irgendwas gebohrt oder gemacht bekommt, und nicht gesagt wird, was als nächstes passieren wird. Es nimmt uns auch ein wenig die Angst davor, wenn ich sage, »Du pass auf, ich fasse dir jetzt mal ans Ohr.« Das sage ich dem Hund auch, oder auch, wenn ich mal eben die Zähne anschauen will. Dann sage ich eben: »Zähne« und mein Hund weiß Bescheid. Allerdings sollte im Alltags-flow integriert sein, also kein extra Aufwand, kein 3-Minuten-Ding daraus werden: Ich gehe eben sehr flüssig rein und ohne Angst. Umso vorsichtiger man ist, umso ängstlicher wirkt das auf den Hund, und umso mehr sagt er sich natürlich auch: »Oh mein Gott, was hat sie jetzt vor?« Hier müssen wirklich die Menschen an sich arbeiten, dass sowas einfach ganz normal wird. Denn die Stimmungsübertragung kennen wir ja alle. Es passiert wirklich schnell, dass der Hund unsere Unsicherheit damit spürt und auch unsicher wird.

Damit sind wir auch schon an einem ganz wichtigen Punkt, unabhängig von allen Übungen, die wir in unseren alltäglichen Umgang mit den Hunden einbauen sollten: Im Grunde kommt es immer auf unsere Beziehung an, die Beziehung zwischen Menschen und Hund. Da ist es egal, ob es ein Welpe ist oder der Tierschutzhund. Was wirklich zählt, ist, dass ich sage: »Was ich an dir mache, ist nicht schlimm, sondern wir gucken miteinander.« Das sollte bei uns genauso normal sein, wie bei Äffchen, die den anderen Affen lausen. Es ist ein wichtiges soziales Element, dass man das einfach kann und in der Lage ist, seinen Hund vernünftig anzufassen. Letztlich führt diese Fähigkeit, dieses Vertrauen, zu einer schönen Bindung und Beziehung.

Wir sollten unseren Hund nicht nur oberflächlich, sondern auch an Stellen, wo es normal nicht so nötig ist, aber wo man doch mal hinmuss, zwanglos berühren können. Also, Innenschenkel, zum Beispiel, oder Bauch, beim Rüden auch an gewissen anderen Stellen.

Außerdem sollten wir unsere eigenen Ängste auch überwinden: Wenn z. B. Hundehalter ganz vorsichtig mit der Zeckenzange kommen, weil sie sich vielleicht ekeln, oder Angst haben, den Hund beim Ziehen zu verletzen usw., dann würde ich als Hund auch denken: »Oh, mein Gott, was will die jetzt von mir?«, vielleicht sogar in den Fluchtmodus gelangen – jedenfalls nicht entspannt und ruhig bleiben. Zuerst also muss da der Mensch lernen, ruhig bleiben und es als einfach natürlich und notwendig ansehen. Je normaler wir solche Situationen sehen, umso einfach ist es, zu sagen: »Wir kriegen das hin, das machen wir jetzt einfach.«

Man kann beispielsweise auch ein Entspannungssignal trainieren. Eine konditionierte Entspannung, im Vorfeld beigebracht. So ein Signal muss natürlich positiv eingeführt werden. Manchen hilft es auch selbst, wenn man ein Signal hat. Wenn ich das in den Raum werfe, dann ist das alles nicht so schlimm, der Hund weiß, dass er sich entspannen kann. Damit bin ich relaxt, ist der Hund ebenfalls (be)ruhig(t). Und dann werfe ich vielleicht die Wörter rein, die wir jetzt brauchen, zum Anfassen, Augen, Zähne, Pfoten kontrollieren usw. Damit kann mein Hund dann ein gewisses Verständnis entwickeln, bzw. er hat gelernt, dass ich, wenn ich bestimmte Worte sage, bestimmte Handlungen tätige. Er lernt, es zu verknüpfen: »Jetzt geht sie mir an den Kopf, oder geht sie mir ans Bein, etc.« Das ist kein klassisches Konditionieren, und die Spanne zwischen Sagen und Tun ist extrem kurz. Nicht in dem Sinne ein Training: »Ich sag dir jetzt, was ich tue« und dann gehe ich hin, sondern in dem Moment, wo ich das tue, sage ich es.

Und das tue ich jeden Tag, ich empfehle es wirklich, alle möglichen Berührungen in das alltägliche Leben zu übertragen. Ich habe meine Hunde jeden Tag in der Hand und finde das sehr wichtig. Wir haben nun auch fast das ganze Jahr mit Zecken zu tun; von daher ist das Kontrollieren bei den meisten, die auch mal in Wald und Flur unterwegs sind, tägliche Übung. Auch Grannen oder kleine Verletzungen an den Pfoten sollten wir jederzeit durch einfaches Anfassen finden und selbst untersuchen können.

Wir können auch mit Targets arbeiten oder mit Übungen, wie wir sie auch für Trickarbeit nutzen. Das können wir auch beim Tierarztbesuch verwenden. So ist z. B. Stupsen oder Kopf-ablegen etwas, das allen hilft. Ich arbeite auch sehr gerne damit, dass der Hund mich am Bein oder Arm stupsen darf, wenn etwas ist. Es ist viel Kooperationsarbeit beim Medical Training – das gehört also auch dazu. Ich muss allerdings auch unterscheiden, ob es Übung ist, oder wir tatsächlich beim Tierarzt eine Behandlung durchstehen müssen. Dort kann er noch so viele Beschwichtigungssignale zeigen ... manchmal muss man da durch. In Trainingssituationen hingegen kann man gut aufeinander hören. Aber in so einem richtigen Worst Case, wo es wirklich um etwas geht, würde ich nicht zögern und sagen: »Da müssen wir jetzt beide durch«. Wenn wir üben, kann ich mir überlegen, ob ich sage, wir üben es einen anderen Tag noch mal, da der Hund dabei in gewisser Weise lernt, dass er sich auf mich verlassen kann. Nur sollte ich es eben nicht ganz bleiben lassen, sondern am nächsten Tag wirklich wiederholen.

Ich bin ein Freund davon, alles etwas normaler und unaufgeregter anzusehen. Darum habe ich auch immer wieder meinen Hund in der Hand, und es kann auch sein, dass ich dieselbe Stelle heute nochmal anpacke, an der gestern der Tierarzt war – ganz einfach, weil es normal sein sollte für meinen Hund.

Selbstverständlich braucht ein Hund eine gewisse Zeit, um Stress und gewisse Manipulationen zu verarbeiten. Es kann gut sein, dass er nach einer ausgiebigen Untersuchung beim Tierarzt auch mal eine Nacht oder 2 drüber schlafen muss, wie wir manchmal eben auch erst einmal etwas verarbeiten müssen. Es kommt auf den Stressmoment an, den er davor hatte. Einer meiner Hunde brauchte einmal eine Punktion an der Blase, was für ihn wirklich anstrengend und schockierend war. Er hat sich sehr aufgeregt, das habe ich selten bei einem Hund erlebt. Doch gleich danach durfte er sich ein Spielzeug auswählen und die Tierärztin hat mit ihm gespielt: Er hatte wirklich im Behandlungsraum noch Zeit, auf andere Gedanken zu kommen. Durch diese Belohnung hat für ihn das Positive überwogen, er geht seitdem sogar wirklich gerne in den Behandlungsraum. Dass er den Stress abbauen konnte, und das Ganze mit etwas für ihn super Positivem verbinden konnte, liegt auch mit daran, dass ich ihn natürlich die Tage darauf in Ruhe gelassen, aber ihn auch nicht besonders bedauert habe.

Insofern ist natürlich auch bei allem Training die Art und Weise, wie ein Tierarzt vor und nach der Behandlung damit umgeht, sehr wichtig. Überhaupt empfehle ich jedem, egal ob mit Welpen oder älterem neuem Hund, einfach mal die Praxis zu besuchen, bevor ich jemals in die Bredouille komme und wir mal Spritzen, Nägel- oder Zähneziehen oder Schlimmeres erleben müssen. Das gilt auch, wenn Hunde vielleicht schon im früheren Leben schlechte Erfahrungen mit Tierarztpraxen gemacht haben. Ich lasse sie das Ganze kennenlernen, ohne viel Aufwand, ohne einen konkreten Termin etc.

Ich habe auch schon öfter einmal mit meinen Welpengruppen beim Tierarzt im Vorraum Zeit verbracht. Wenn ein Tierarzt oder eine Tierklinik das mitmacht, ist das eine geniale Geschichte! Die Hunde speichern das als tolles Erlebnis ab, ganz nach dem Motto: »Da gehen wir nur hin, wenn es Spaß macht und ich erlebe was Schönes.« Übrigens: Statt während der Behandlung den Hund zu bestechen, rate ich dazu, lieber einfach die Behandlung als etwas Normales abzuhandeln und dann hinterher zu belohnen, mit einer wirklich besonderen Belohnung. Idealerweise fragt der Tierarzt, was mein Hund denn gerne mag und gibt vielleicht ein richtig unwiderstehliches Leckerli, sodass der Hund lernt: »Hinterher, hey, da gibt es eine tolle Belohnung.«

Kommen wir nochmal zurück darauf, dass ich sage, jeder kann mit seinem Hund, egal welcher Hund, üben und erfolgreich Medical Training machen: Das Wichtigste dabei ist, es täglich in den Alltag einzubringen. Wenn ich einen sehr ängstlichen Hund habe, fange ich erst mal mit wenigen Berührungen an. Ganz grundsätzlich kann man über das Streicheln und über das Kontaktliegen Berührungen positiv aufbauen für den Hund. Manche Hunde mögen ja am Anfang, gerade wenn sie aus dem Ausland sind, nicht direkt im Nahkontakt berührt werden.

Dennoch kann ich bspw. Mit der Handaußenseite auf Abstand erste Streicheleinheiten starten. So haben die Hunde nicht das Gefühl, dass eine Gefahr von meiner Hand ausgeht – sie fürchten nicht gleich, gefangen oder unangemessen berührt zu werden. Das schafft erst einmal Vertrauen. Auch, wenn ich zunächst die Gliedmaßen damit abstreife, oder eben von vorn bis hinten einmal den Hund ausstreiche. Dieses Annähern über normale Berührungen, gar nicht mit dem Fokus, dass wir jetzt etwas üben, schafft nach und nach Vertrauen. Und dennoch ist es auch eine gute Übung, die einen zusammenschweißt, wenn man gezielt einmal Übungen macht.

Das Schöne ist, dass sich das an jedem Platz machen lässt. Und im Prinzip sind das alles Übungen, die wir auch als Trickarbeit nutzen können, die uns beiden auch in anderen Situationen Spaß bringt. Also die ich für mich und den Hund so definiere: Wir machen etwas Witziges, andere gehen longieren. Wir machen jetzt 10 Minuten dieses Training, in das wir Elemente mit einfließen lassen, als Übung, die wir gut für den Tierarztbesuch brauchen können. Dann baue ich das »Überall-anfassen« als etwas Normales ein – und schon habe ich einen großen Schritt für gelassene Tierarztbesuche erreicht.

Übrigens gehört auch Pfote geben für mich mit dazu. Spätestens an Zoo-Trainings hat man gesehen, dass es sehr viel Sinn ergibt, gerade bei Wildtieren, wenn sie ihre Schnauze durch das Gitter stecken oder ihre Pfote geben, dass sie dann untersucht werden oder sich sang- und klanglos eine Spritze geben lassen. Und das, was da hilft, sollte bei unseren Hunden schon lange funktionieren, sie leben ja schließlich in einer engeren Gemeinschaft mit uns als die Zootiere. Wer sich jetzt fragt, wieso sein Hund Pfote geben können sollte, oder sich hinlegen oder auf die andere Seite rollen – das sind doch eigentlich alles Tricks ... genau das. Trickarbeit hat hier durchaus ihren Platz. Zum einen beschäftigt sie meinen Hund geistig und es sind Übungen, die uns beiden im Idealfall auch Spaß bereiten – denn macht der Hund es und wir freuen uns darüber, haben wir beide eine positive Stimmung. Zum anderen helfen sie mir, wenn ich beispielsweise die Pfoten untersuchen will auf Grannen oder Verletzungen zwischen den Zehen. Und wenn der Hund mir seine Pfote freiwillig gibt, weil abgespeichert ist, dass wir Spaß miteinander hatten und es dafür ein Leckerli gegeben hat, mache ich nicht einfach so etwas völlig respektlos mit ihm.

Dadurch können Behandlungen für den Hund in einer gewissen Weise Normalität sein, und laufen nicht nach dem Motto ab: »Oh weh, sie will etwas von mir« – sondern: »OK, wir machen das jetzt.«

Haben Sie Nadia Winters Beitrag aufmerksam gelesen? Dann ist noch einmal deutlich geworden, warum wir so viele Alltagsaufgaben als Medical Training ansehen können und vor allem, warum wir es in unseren Alltag integrieren sollten. Das gilt auch für einen kleinen **Ohren-Check**: Wie oft streichen wir unserem Hund über den Kopf! Da fällt es doch gar nicht schwer, zufällig einmal nicht nur von der Stirn nach hinten zu streichen, sondern sich dabei ein Ohr zu nehmen und es sanft so auszustreichen, dass wir hineinsehen können. Gleichzeitig fühlen wir

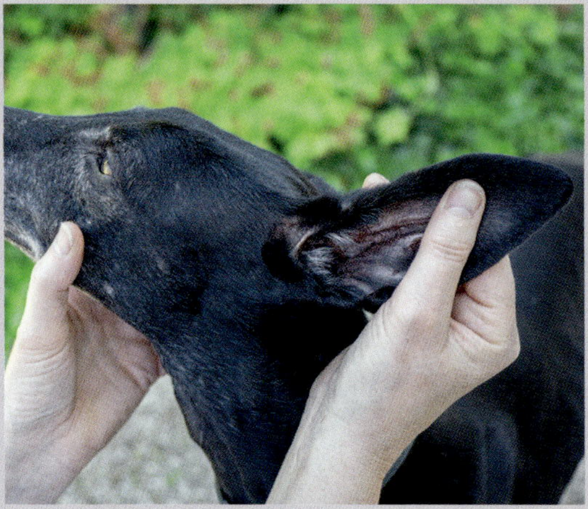

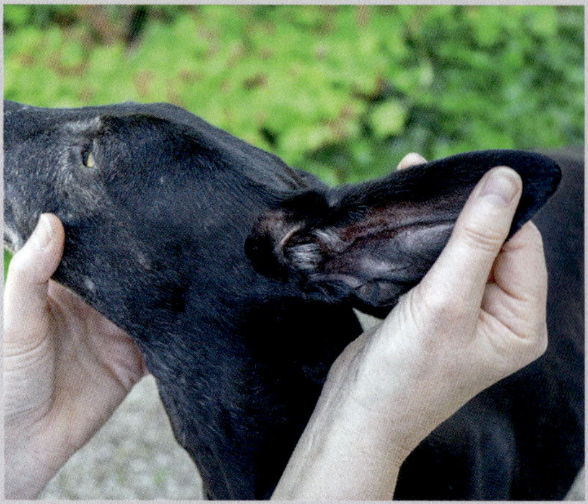

Egal ob Hänge- oder Stehohren – einmal täglich links bzw. rechts die »Ohren langziehen« hilft, die Berührung an den Ohren zu etwas Unaufregendem zu machen.

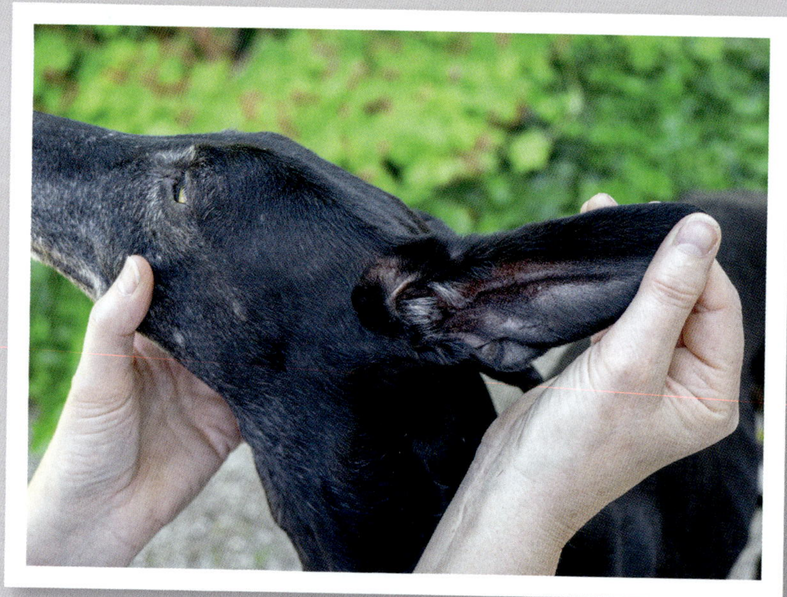

die Temperatur und Beschaffenheit. Auch hier ist die Zeckenkontrolle gratis inklusive, denn an ihren Lieblingsstellen an den Ansätzen oder auf der Außenseite erspüren sie schnell, wenn wir darüberstreichen. Hinterher noch zwei-, dreimal freundlich drüber gestreichelt, haben wir unserm Hund gerade eine bisschen zusätzliche Aufmerksamkeit und Freundlichkeit geschenkt, die er genießen kann.

Haben wir den Hund gerade bei der Hand, können wir auch gleich einmal den **Körper abtasten**. Keine aufregende Untersuchung, einfach nur ein Körpercheck von vorne nach hinten mit beiden Händen – gerade so fest, dass wir auch bei langhaarigen Hunden die Silhouette spüren. Geben wir ihm beim ersten Berühren ein Signalwort mit wie z. B. das kurze englische »Body«, kann er sich darauf einstellen. Aufwändig üben müssen Sie das nicht, den Zeitpunkt jedoch passend wählen. Solange rund um den Hund herum Trubel und Aufregung herrscht, er sich auf etwas anderes konzentriert, wird er unsere Bemühungen nicht wirklich gut finden und vielleicht sogar unwirsch davor zurückweichen – schließlich ist da gerade vielleicht ein Eichhörnchen auf den Baum geklettert und er möchte doch unbedingt sehen, wo es hin ist. Selbstverständlich machen wir solche »Abtastspielchen« dann nicht – wir warten, bis wir eine Gelegenheit finden, und unser Hund ruhig und ausgeglichen dasteht. Das kann auch mal in der Stadt vor einem Laden sein, wo wir warten, dass unsere Begleitung wieder mit dem Einkauf herauskommt. Oder auf dem Parkplatz nach dem Spaziergang, wo wir sowieso gerne mal nachschauen, dass nicht zu viel Laub und Dreck am Hund hängengeblieben ist. Der Ort ist unwichtig, die Stimmung zählt.

Wenn unser Hund beim Spaziergang gerne beschäftigt werden möchte und wir die Gelegenheit dazu haben, können wir auch ein wenig Doktor spielen: Ein Baumstumpf oder auch ein niedriger Stein sind der ideale Ersatz für den Tisch im tierärztlichen Behandlungszimmer. Je nach Rückenhöhe unseres Hundes wird dieser ja oft heruntergefahren, damit der Hund einfacher selbst daraufsteigen kann. Warum also nicht das immer einmal wieder üben, auch wenn der Tisch sich danach dann nicht nach oben bewegt? Alleine die Bereitschaft, irgendwo hochzusteigen, was nicht die Treppe im eigenen Wohnhaus oder das Sofa ist, die man ja gut kennt, ist eine gute Vorbereitung für eine Untersuchung.

Unterwegs können wir prima ein Spiel daraus machen und unserem Hund den Trick beibringen, auf Signal irgendwo hinauszusteigen. In Perfektion wartet er dann auch noch, bis wir ihm wieder ein Zeichen zum Herunterkommen geben. Hat er das bereits verinnerlicht, können wir sogar noch das eine oder andere aus dem Bereich des Medical Trainings dort oben auf dem Stein machen, und auch das dadurch zur Normalität erklären.

Einmal abtasten, ob alles in Ordnung ist und der Hund von Kopf bis Pfote zusammenhält, geht immer dann, wenn wir und der Hund gerade nicht durch andere abgelenkt sind oder er etwas Besonderes erwartet.

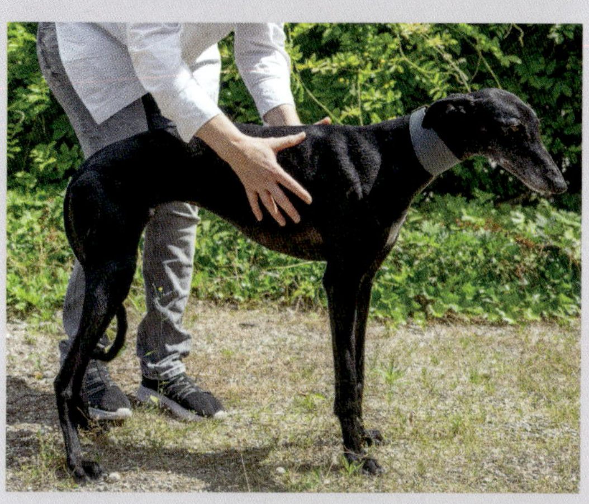
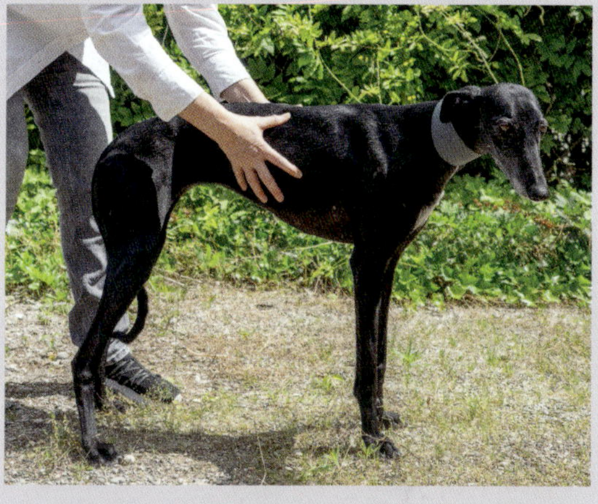
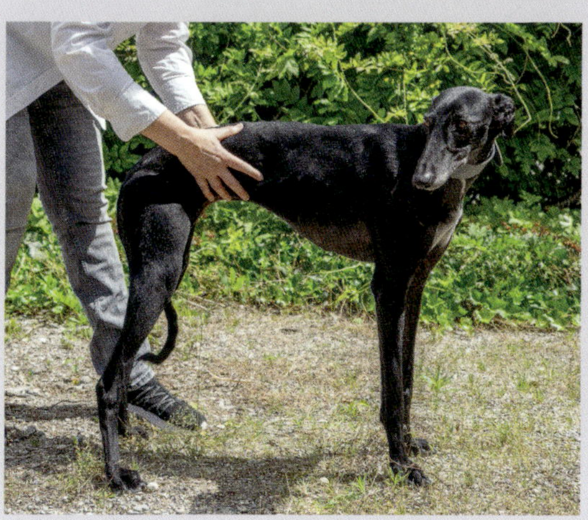
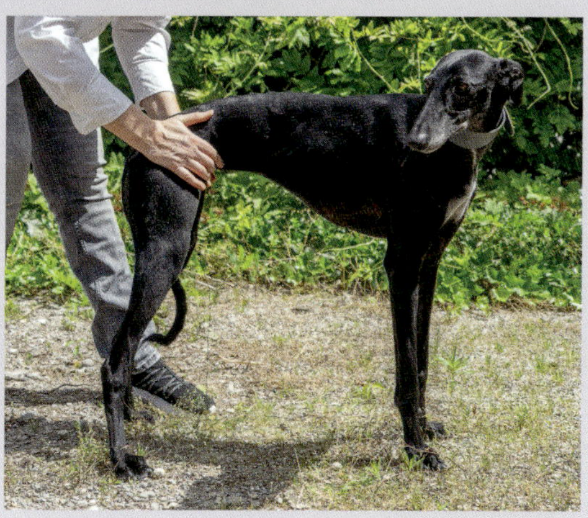

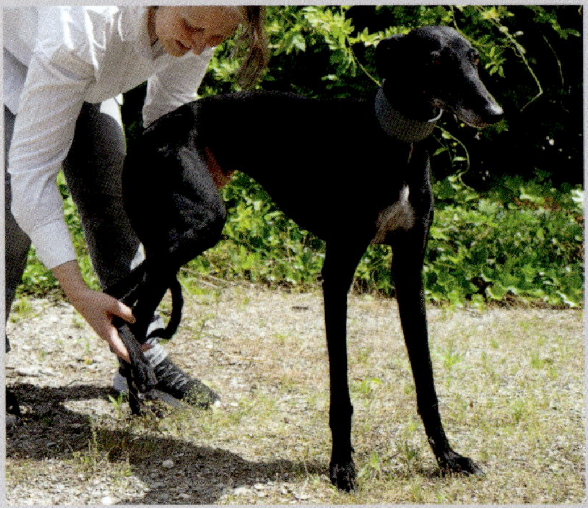

Es empfiehlt sich, erst in ruhigen Umgebungen zu üben und dann nach und nach das Gelernte auch an anderen Orten abzufragen.

Tricktraining: Auf einen Gegenstand steigen und stehen bleiben

Ziel: Wir wollen dem Hund beibringen, dass er (überall) auf Aufforderung hinaufsteigen kann und dort stehenbleiben, ohne Stress zu haben. Dies hilft als Vorbereitung für Untersuchungen oder Behandlungen auf einem Tisch in der Tierarztpraxis oder beim Hundefrisör.

Was Sie dafür einplanen sollten:

- **Dauer:** wenige Minuten pro Trainingseinheit
- **Häufigkeit:** kann bei jeder sich bietenden Gelegenheit wie mit einem Baumstumpf, Stein etc. aufgegriffen und erweitert werden
- **Materialien:** Leckerlis, Clicker, ruhige Umgebung
- **Erhöhter Gegenstand:** Wählen Sie einen stabilen, nicht zu hohen Stein oder Baumstumpf.

1. Vertraut machen:

- Stellen Sie sich mit Ihrem Hund neben den gewählten Gegenstand.
- Lassen Sie Ihren Hund den Gegenstand beschnüffeln und erkunden.
- Belohnen und loben Sie Ihren Hund, sobald er Interesse zeigt.

2. Erste Schritte auf den Gegenstand:

- **Annäherung:** Gewinnen Sie die Aufmerksamkeit Ihres Hundes – am einfachsten mit einem Leckerli, das Sie über den Gegenstand führen.
- **Belohnen:** Folgt Ihr Hund diesem und steigt mit mindestens eine Pfote auf den Stein oder Baumstumpf, klicken Sie (falls Sie einen Clicker benutzen) und belohnen ihn sofort.
- **Beide Pfoten auf den Gegenstand:** Wiederholen Sie dies so, dass Ihr Hund beide Vorderpfoten auf den Gegenstand setzt. Klicken und belohnen Sie ihn sofort, sobald beide Pfoten auf dem Gegenstand sind.

3. Komplett auf den Gegenstand steigen:

- Durch geschickte Motivation bekommen Sie Ihren Hund dazu, dass er ganz auf den Stein oder Baumstumpf steigt.
- Sobald alle 4 Pfoten auf dem Gegenstand sind, klicken und belohnen Sie ihn großzügig.

4. Einführen eines Signals:

- Beim nächsten Mal, wenn Sie wieder dazu kommen, den Hund auf einen Stein oder Baumstumpf steigen zu lassen, fügen Sie ein Signal wie »Klettern« oder »Steig« hinzu, während Ihr Hund den Gegenstand betritt.

Draußen lässt sich vieles nutzen, um Medical Training zu machen. So wird ein Stein eben zum Behandlungstisch, auf den der Hund alleine steigt und geduldig die Untersuchung abwartet. Ob Ohren-Check oder Rute heben: Alles lässt sich häppchenweise mit einbauen in die Übung.

- Klicken, loben und belohnen Sie ihn wie zuvor.
- Wiederholen Sie dies, indem Sie bei den nächsten Gelegenheiten erst das Signal geben und warten, dass Ihr Hund dann den Gegenstand besteigt.

5. Erweitern um das »Auf dem Gegenstand stehen bleiben«:

- Ist der Hund bereits hochgeklettert, lassen Sie ihn einige Sekunden auf dem Gegenstand stehen, bevor Sie ihn belohnen.
- Verlängern Sie nach und nach die Zeit, die Ihr Hund auf dem Gegenstand stehen bleibt, bevor Sie klicken und belohnen.
- Fügen Sie ein Kommando wie »Bleib« hinzu, während Ihr Hund auf dem Gegenstand steht.

6. Übung auf Entfernung:

- Wenn Ihr Hund sicher auf den Gegenstand steigen und dort stehen bleiben kann, beginnen Sie, sich schrittweise zu entfernen, und ihn von der Entfernung aus loszuschicken mit dem Signal.
- Belohnen Sie ihn, sobald er den Gegenstand erreicht und darauf steigt.
- Erhöhen Sie allmählich die Distanz, von der aus Sie das Kommando geben.

7. Verfestigen und generalisieren:

- Suchen Sie verschiedene Umgebungen, bei denen Sie den Überblick haben und sich erhöhte Gegenstände finden.
- Nutzen Sie verschiedene erhöhte Gegenstände, um die Übung zu variieren und Ihren Hund damit flexibel auf das Signal hin aktiv werden zu lassen.

Wie Sie feststellen konnten, sollen die Übungen Vertrauen schaffen, stressfrei sein und am allerbesten auch allen Freude bereiten, weil sie uns und unsere Hunde nicht nur fit machen für den Tierarzt & Co. sondern auch beschäftigen und auslasten. Das ist insbesondere der Fall, wenn wir den Hund zum aktiven Mitmachen auffordern können und er selbstständig Aufgaben ausführen kann. Alles, was Sie im Alltag machen, üben und als schöne gemeinsame Beschäftigung einbauen können, ist eine wunderbare Vorbereitung. Machen Sie so viel wie möglich ganz ungezwungen, lassen Sie den einen oder anderen Check zur täglichen Routine werden. Dann klappt es beim nächsten Behandlungstermin bei Tierarzt, Therapeut oder Frisör (fast) ganz von alleine.

»Ein Vertrauen besitzen ist viel, das in einen gesetzte Vertrauen erfüllen – mehr.«

Wilhelm Vogel

Kapitel

7

MIT RÜCKSCHLÄGEN UMGEHEN

Manchmal haben wir den besten Willen, machen uns viele Gedanken, wie wir am besten verfahren und die Übungen aufbauen und dann klappt es doch nicht. Das kann viele Gründe haben, die sowohl bei uns, beim Hund oder auch bei uns beiden liegen können.

Beim Medical Training ist es also wie bei allen anderen Trainings auch, wir haben sowohl gute als auch weniger gute Tage – ob Zwei- oder Vierbeiner. Auch andere Faktoren können unseren Erfolg einschränken und uns zurückwerfen. Mit den meisten können wir umgehen und Lösungen finden. Nötig ist dazu natürlich die Fähigkeit, sich selbst und die Situation kritisch zu reflektieren. Das ist unter Umständen leichter gesagt als getan. Will etwas einfach nicht klappen, kann es eventuell sinnvoll sein, jemanden »von außen« draufschauen zu lassen. Über ein paar häufiger vorkommende Stolpersteine und Vorschläge, wie Sie diese überwinden können, lesen Sie im Folgenden.

Zu viel auf einmal

Wir sind zu ehrgeizig und wollen zu viel oder zu schnell alles erreichen. Dann kann es vorkommen, dass wir vor einem Hund stehen, der gar nichts mehr weiß von dem, was das letzte Mal noch funktioniert hat. Wir haben den Hund überfordert, seinen Stress nicht bemerkt oder einfach wirklich zu viel hintereinander gemacht, sodass er sich nicht mehr auskennt und eben nicht mehr mitmacht.

- **Lösungsvorschlag:** Überlegen Sie, was Sie alles von ihm wollten – und ob Sie ihm ausreichend Lob gezollt haben für sein Mitmachen bei den Übungen. Nehmen Sie sich für das nächste Mal vor, weniger Verschiedenes (und nicht alles hintereinander) zu üben und vor allem mit dem zu beginnen, was dem Hund bisher immer gelungen ist und das sie beide positiv starten lässt. Belohnen und Loben Sie bewusst intensiv und herzlich, wenn dann etwas klappt.

Die Belohnung passt nicht

Manchmal haben wir einfach die falsche Belohnung parat – mag sein, dass die Wurst beim drölfzigsten Mal eben nicht mehr etwas Besonderes ist, oder dass unser Hund viel lieber einmal ein Spielchen mit dem Lieblingsspielzeug möchte, wenn er so richtig gut war. Es kann allerdings auch sein, dass er an dem Tag nicht ganz fit, gesundheitlich angeschlagen ist und wir es nur noch nicht sehen.

- **Lösungsvorschlag:** Überlegen Sie, ob der Hund sich den Tag über grundsätzlich anders als normal verhalten hat und es tatsächlich einen gesundheitlichen oder körperlichen Grund geben könnte. Gehen Sie lieber einmal zu viel zum Arzt, als etwas zu verschleppen. Wechseln Sie für das nächste Mal die Leckerli-Belohnung und schauen, ob es vielleicht wirklich nur am nicht ausreichenden Verstärker (die Wurst kenn ich schon) lag.

Die Belohnung steht nicht im Verhältnis

Manchmal lohnt es sich aus Sicht des Hundes einfach nicht, länger kooperativ zu sein – die Belohnung dauert nicht länger an, als wenn er nur kurz das gewünschte Verhalten zeigt. Warum also sollte er länger aushalten?

- **Lösungsvorschlag:** Überdenken Sie die Menge der in den einzelnen Trainingsschritten gegebenen Belohnungen: Sind die immer gleich? Wir sollten die Frequenz bzw. die Menge der Leckerlis der Dauer anpassen – zeigt sich der Hund lange kooperativ und wird die Übung anspruchsvoller, sollten wir ihn auch länger belohnen. Tatsächlich ist Zeit ein wichtiger Faktor für die Zufriedenheit …

Der Hund ist erschöpft/es ist schmerzhaft für ihn

Normalerweise üben wir ja, damit der Hund auch bei eventuell schmerzhaften oder unangenehmen Prozeduren bereit ist, uns zu vertrauen und es durchzustehen. Dennoch sollten wir versuchen, das im Training nicht zu provozieren. Gerade bei der Fell-, Zahn- oder Krallenpflege kann es passieren, dass wir ungewollt doch Schmerzen verursachen und der Hund sie mit dem Prozess in Verbindung bringt.

- **Lösungsvorschlag:** Überdenken Sie, wann Sie bestimmte mit der Pflege zusammenhängende Trainings machen sollten. Bereiten Sie dies z. B. dadurch vor, dass das Fell mit entsprechenden Pflegeprodukten vorher behandelt wird und wirklich gut kämmbar ist. Probieren Sie aus, ob Sie mit einem Krallenschleifgerät umgehen können, wenn Sie bisher die Krallen abgeknipst haben – manche Hunde kommen mit Schleifen deutlich besser zurecht. Üben Sie grundsätzlich nur dann längere Sequenzen, wenn der Hund ausgeruht und nicht gestresst ist.

Das Belohnungs-Timing passt nicht

Manchmal sind wir ungenau beim Belohnen – es kann sein, dass wir etwas nicht belohnen oder dass wir zu spät reagieren und der Hund vielleicht schon wieder eine andere Bewegung macht, die wir gar nicht belohnen wollten. Dann kann das beim nächsten Mal dazu führen, dass er es wieder tut.

- **Lösungsvorschlag:** Wenn Sie noch nicht mit dem Clicker arbeiten, versuchen Sie, diesen als Belohnung aufzubauen. Er ist superschnell, immer gleichklingend und flexibel nutzbar. Achten Sie darauf, beim Wiederholen desselben Fehlers diesen beim nächsten Mal nicht wieder zu belohnen. Versuchen Sie, die Übung so abzuwandeln, dass der Hund nicht mehr denselben Fehler machen kann, belohnen Sie ihn dann ausführlich dafür, damit er nicht in eine Frustrationsschleife gerät.

Der Hund hat »Nein« gesagt

Wenn wir im Medical Training auf die Mitarbeit des Hundes setzen, sollten wir auch auf ihn hören. Es kann ganz verschiedene Gründe geben, warum er eine Übung gar nicht mehr machen oder auch einfach abbrechen möchte.

- **Lösungsvorschlag:** Sie sollten auf seine Absage reagieren und das Training an dieser Stelle mit einer positiven Wendung enden lassen. Überlege Sie, ob und wie Sie das Training grundsätzlich ändern sollten, damit der Hund nicht mehr aussteigen will.

Sattheit

Zu guter Letzt gibt es natürlich auch immer noch den Faktor **Sattheit**. Kleinere Hunde sind bei hoher Belohnungsfrequenz einfach schneller satt. Das liegt dann nicht an der Güte der Belohnung ... und wenn mein Hund gerade seine Hauptmahlzeit gefuttert hat, eignet sich der Zeitpunkt vielleicht auch nicht gerade bestens für Übungen mit Futterbelohnung.

- **Lösungsvorschlag:** Beim Kleinhund sollte jedem klar sein, dass es 2 Möglichkeiten gibt: Entweder, Sie üben weniger, oder es gibt kleinere Portionen, die dennoch ausreichen, um eine hochwertige Belohnung und Motivation darzustellen. Und ja, wir machen ja auch nicht gleich nach der Völlerei einen Marathonlauf, also wählen Sie einen anderen Zeitpunkt für das Training.

Ansonsten Sind Sie die Expertin oder der Experte für den eigenen Hund und können ihn hoffentlich am besten »lesen« – und motivieren.

SCHLUSSWORT

Ob Sie dieses Buch von vorne bis hinten gelesen haben oder darin hin- und hergehüpft sind: Hoffentlich nehmen Sie viele Anregungen für Ihren eigenen Alltag mit und wie Sie ganz individuell mit Ihrem Hund die vorgeschlagenen Übungen umsetzen. Völlig entspannt, ohne Druck und dafür mit umso mehr Vertrauen ineinander zusammenzuarbeiten, ist eine Frage des Respekts. Und den verdienen unsere Begleiter definitiv.

Dankeschön, Susanne, dass genau das in allen Übungen und Erklärungen mitschwingt! Und dass du es uns mit Paula und Lora vormachst. Die beiden haben ihr Können toll unter Beweis gestellt und gezeigt, dass selbstverständlich auch Hunde aus dem Tierschutz Medical Training gut lernen können.

Je nach Team und Thema wird das eine ratzfatz funktionieren, während es bei etwas anderem ein bisschen länger dauert, bis sich der gewünschte Erfolg einstellt – mit dem Medical Training ist es eben genauso wie mit anderen Aufgaben. Aber bleiben Sie dran! Es wird sich auf so viele Arten und Weisen im Zusammenleben mit Ihrem Hund bezahlt machen.

Viel Spaß und gutes Gelingen!

Lena Schwarz, *stellv. Chefredaktion* **DER HUND**

Viel Freude wünscht das Team von DER HUND Wissen

Folgen Sie uns für mehr Infos zu unseren Hundebüchern auf:

www.instagram.com/muellerrueschlikon.hund

www.facebook.com/muellerrueschlikonverlag

Müller Rüschlikon

Anleitungen für Übungen

WEITERE BÜCHER in der Reihe

DER HUND Wissen

Kristina Räder

EIN WELPE SOLL ES SEIN

Das erste Jahr des Hundes begleiten

144 Seiten, 86 Bilder

€ 22,- / € (A) 22,70

ISBN 978-3-275-02295-3

Veronika Rothe

DAS TRAININGS-ABC

Das Nachschlagewerk fürs Hundetraining

144 Seiten, 19 Bilder und 6 Grafiken

€ 22,- / € (A) 22,70

ISBN 978-3-275-02290-8

Lena Schwarz

WUNDERWERK HUNDEKÖRPER

So funktionieren Organe und Bewegungsapparat

144 Seiten, 70 Bilder

€ 22,- / € (A) 22,70

ISBN 978-3-275-02308-0

Müller Rüschlikon

Kennst du schon DER HUND?

Im **Magazin DER HUND** findest du alles für aufgeweckte Mensch-Hunde-Teams:

- Hunderassen im Portrait
- Training + Verhalten
- Ernährung + Gesundheit
- Ideen für Spiele + Fitness

und vieles mehr!

Jetzt **zwei Hefte gratis** lesen unter:

www.derhund.de/lesen